栄養士・管理栄養士を
めざす人の

実験プライマリーガイド

倉沢新一・中島 滋・丸井正樹　著

化学同人

●著　者●

倉沢新一　関東学院大学人間環境学部健康栄養学科　教授
中島　滋　文教大学女子短期大学部健康栄養学科　教授
丸井正樹　東京聖栄大学健康栄養学部食品学科　教授

はじめに

本書はどのような人を対象者としているか

　本書の対象は，化学を専門として大学で学んでいる人ではありません．専門科目に生物や化学に関連する講義と実験があるにもかかわらず，高校ではいわゆる理系としての勉強はしていなくて，大学受験も理系科目は選択せずに入学してきた人たちを対象としています．たとえば，高校で文系クラスに属していて，医療系や栄養士などの養成課程の専門学校や大学に進学したような人です．さらにいうと，入学後初めて白衣を着て，「○○実験」という名の実験科目の授業を初めて受けるときに「どうして私が○○実験なんて授業をとらなければならないの！」と嘆いている人たちが対象です．試験管やビーカーなどにはほとんど触ったことがなく，化合物の名前にもなじみがなく，ましてやモルやモル濃度などの用語を聞くと鳥肌が立ってしまう方にこそ本書をぜひ読んでほしいのです．

本書の活用

　高校のときに，どれくらい化学などを学んだか，理解したか，覚えているか，実験をどれくらい経験しているかによって，実験の理解度は大きく異なります．本書は，高校のときにあまり化学実験を行う機会がなかった人や，化学が苦手で化学実験も苦手なものだと決めてかかっている人に，化学実験の授業をスムーズに受けるために必要な知識を解説し，基本中の基本となる実験器具の取扱い方を説明しています．

　また，レポートを書くポイントも解説しています．化学音痴を自認している人が本書を活用することにより，化学実験の授業を少しでも気楽に受けて，できれば「可」ではなく「良」の成績評価を取得できるようになるものと確信しています．

　そのためには，あらかじめ本書を一読するとともに，実験の授業計画（シラバス）で授業内容を知り，関連する項目を下読みしておいてください．実験室内にもち込みができるようでしたら，実験の前後に本書の該当箇所に目を通すこともお勧めします．レポートは指導教員の指示に従って作成することが大前提ですが，本書で述べている作成上の一般的な注意点や要点解説は大変参考になります．

本書の出版目的

　化学および化学実験に関する基礎知識の理解度が低い学生には，学習サポートとして，いろいろな実験に共通する「実験の基礎」を解説するサブテキストが必要だと考えていました．また，限られた実験授業の時間内では基礎的な事項をじっくりと繰り返し説明できる時間の余裕がないため，実験の基礎に関して丁寧な説明が記載されているサブテキストが求められています．

　本書はそのような要請に応じることを目的に企画しました．折りにふれて本書を読んで活用し，苦手意識の克服に本書が役立つことを願ってやみません．

2008 年 8 月

著者を代表して
倉沢新一

実験の授業を学ぶ前に

1. 実験の授業はなぜあるのか，実験はなぜやらなければならないのか

　自然科学は自然現象を統合的に説明する学問です．したがって，実際に起こっていることを体系化した理論を組み立てる一方，その理論を検証するために目の前で自然現象を実際に確認する作業が不可欠です．理論と実際を比較検証することが，自然科学の理解にとって重要です．すなわち，講義などで学んだ理論を，実際の場面で確認することが必要なのです．自然科学を単なる知識として理解するだけでなく，実際的な理解を深めるために実験の授業が行われているのです．

2. 実験の授業時間を楽しく過ごすためには

　実験内容に興味をもつことが第一です．「どのような自然現象を今日の授業で再現しようとしているのか」，「その現象を説明する理論とはどのようなものか」をわかった上で実験を行うのと，わからないままただ指示された実験操作をなぞっているだけなのとは大きな違いがあります．「実験でこのような現象が理論的に再現されるはずだ」，あるいは「実験でこんな結果が出たら，このような理論が矛盾ないものとして確かめられるはずだ」ということを考えながら実験を行ってください．実験に用いる機器や試薬，反応条件などは，その証明のために綿密に組み立てられているのです．無駄な実験操作は一つもないといっても過言ではありません．

3. 実験の授業で良い成績を取るためには

　化学実験を行う目的は，良い成績で単位を取得することではありません．しかし，結果的に良い成績で単位が取れれば大変結構なことでしょう．成績評価は，実験授業の担当教員に任せられたことで，評価のポイントは教員によりそれぞれ違います．しかし，一般にいえば，共通した評価ポイントがあります．それは，実験態度とレポートです．実験態度とは，積極的に実験を行う姿勢です．実験操作には慣れが必要ですが，なるべく模範実験で示された操作法や手つきをまねしましょう．

　たとえば，ホールピペットのメニスカスを合わせるときに，上端を親指で押さえて合わせてはいけません．どうしてもやりにくかったら，「なぜその操作が良い操作法とされているのか」と，「その操作法のコツ」を質問してみてはいかがでしょうか．

また実験途中で待ち時間ができたり，早めに実験が終了して時間が余ることがあると思います．そんなときに，多くの学生は実験に関係のないおしゃべりを始めてしまいがちですが，実験を終了したときが良いレポートを書くために必要な実験の理解が一番深まったとき，あるいは効率よく理解を深められるときです．すなわち，レポート作成の下準備には絶好の時間なのです．レポート提出期限の前夜になれば，実験のことはほとんど忘れてしまっているでしょう．ですから，おしゃべりは最小限にして，データをまとめ，そのデータが理論的に妥当な数値なのか確認しましょう．さらに，レポート作成の下準備をしたり，レポートの一部でもよいので書き始めてみましょう．何とかレポートをまとめ終えたころ，実験に対するあなたの苦手意識は少し薄らいでいるはずです．

目　次

1章　化学を理解するための基礎知識　　1

- 1.1　元素記号，分子式，組成式，構造式 …………………………… 2
- 1.2　原子量，分子量，組成式量 ………………………………………… 5
- 1.3　アボガドロ数とモル ………………………………………………… 7
- 1.4　国際単位，SI接頭辞，慣用単位 …………………………………… 9
- 1.5　電離，電解質，電離度 ……………………………………………… 12
- 1.6　酸，塩基，中和と塩 ………………………………………………… 14
- 1.7　濃度　その1：パーセント濃度 …………………………………… 17
- 1.8　濃度　その2：モル濃度と当量 …………………………………… 18
- **COLUMN**　炭素原子の原子量はぴったり12か？　また，各元素の原子量は整数か？　6
  モルをどうしても理解したいという人のために　8
  電解質としてのたんぱく質　13
  化学式中にOHがある化合物はすべて塩基か　16

2章　実験を理解するための基礎知識　　21

- 2.1　化学変化と化学反応式 ……………………………………………… 22
- 2.2　酸化と還元 …………………………………………………………… 24
- 2.3　pH計算 ……………………………………………………………… 26
- 2.4　緩衝液と緩衝作用 …………………………………………………… 29
- 2.5　菌体数の計測 ………………………………………………………… 31
- 2.6　酵素実験の基礎 ……………………………………………………… 33
- 2.7　吸光度法 ……………………………………………………………… 34
- **COLUMN**　水素（H）と酸素（O）が反応して水（H_2O）が生じる化学反応式は　23
  生体内の酸化反応　25

強酸，強塩基のモル濃度と溶液の pH　*28*
　　　体内の緩衝作用　*30*
　　　検量線の引き方，検量線の式の求め方（簡便法）　*36*

3章　レポート作成に向けて　　　　　　　　　　　　37

　3.1　実験を始める前の準備 ………………………………………… *38*
　3.2　実験ノートを使うポイント …………………………………… *40*
　3.3　実験結果のまとめ：数値の取扱い …………………………… *42*
　3.4　レポート（実験報告書）の書き方 …………………………… *43*
　　COLUMN　文献を引用および参考にする場合のルール　*41*

4章　実験セーフティガイド　　　　　　　　　　　　　47

　4.1　実験を安全に行うために ……………………………………… *48*
　4.2　事故への対応 …………………………………………………… *50*
　4.3　危険・有害物質の分類 ………………………………………… *52*
　4.4　ドラフトとボンベ ……………………………………………… *56*
　4.5　廃棄物の処理 …………………………………………………… *57*
　　COLUMN　試薬の保管　*49*
　　　　　　　家庭用漂白剤の混合で健康障害　*59*
　　　　　　　MSDS（化学物質等安全データシート）の内容　*60*

5章　実験器具の取扱い　　　　　　　　　　　　　　　61

　5.1　容量器具 ………………………………………………………… *62*
　5.2　その他のガラス器具 …………………………………………… *68*
　5.3　すり合わせ器具 ………………………………………………… *72*
　5.4　プラスチック製器具 …………………………………………… *73*
　　COLUMN　目盛の信頼性　*67*
　　　　　　　ろ紙の種類と性質（JIS P 3801）　*78*

6章 基本的な実験操作　79

- 6.1 溶液の体積をはかる……80
- 6.2 試薬などの質量をはかる（秤量）……82
- 6.3 ろ過する……83
- 6.4 試薬を調製する……86
- 6.5 滴定……89
- 6.6 加熱と冷却……91
- 6.7 試薬や試料の乾燥……93
- 6.8 撹拌と抽出……95
- 6.9 蒸留……97
- 6.10 純水の取扱い……99
- 6.11 器具の洗浄：実験が終了したら……100

COLUMN
- 後流誤差　80
- 密度をはかる　82
- 水酸化ナトリウム溶液が一次標準液として調製できないのは？　87
- 塩酸が一次標準液として調製できないのは？，溶解を表す用語　88
- 事故につながる突沸　92
- 市販試薬の濃度　102

7章 実験機器の取扱い　103

- 7.1 分光光度計の理論……104
- 7.2 分光光度計を用いた溶液の濃度測定例……106
- 7.3 pHメーター……108
- 7.4 遠心分離機……110
- 7.5 試験管ミキサー……111
- 7.6 オートクレーブ……112
- 7.7 乾燥機……113
- 7.8 凍結乾燥機……114
- 7.9 恒温水槽……115
- 7.10 スターラー……116

7.11 ロータリーエバポレーター ……………………………………… *117*
COLUMN 酸塩基指示薬　*118*

参考書：もっと詳しく知りたい人のために ……………………………… *119*

索　引 ……………………………………………………………………… *120*

1章

化学を理解するための基礎知識

元素記号，分子式，組成式，構造式
原子量，分子量，組成式量
アボガドロ数とモル
国際単位，SI 接頭辞，慣用単位
電離，電解質，電離度
酸，塩基，中和と塩
濃度　その1：パーセント濃度
濃度　その2：モル濃度と当量

1.1 元素記号，分子式，組成式，構造式

❶ 元素記号

物質は**元素**によって構成されている．いいかえれば，元素は物質を構成する基本的な成分である．水の場合は，水素と酸素から構成されており，水素と酸素が元素に相当する．元素は110種以上存在し，**原子**という小さな粒子でできている．

元素の種類を表す記号を**元素記号**という．元素記号はアルファベットを用いる（図1-1）．アルファベット一文字が元素記号として用いられている元素もあるが，二文字のアルファベットを組み合わせて元素記号としているものもある．この場合は，二つ目のアルファベットは小文字とする．COとCoは違う物質を表している．Coは，一文字目が大文字で二文字目が小文字であることから，Coで一つの元素を表しており，この元素名をコバルトという．一方，COは，一文字目と二文字目がともに大文字であることから，CとOの二種類の元素からできている物質（一酸化炭素）を表している．

$$^{12}_{6}\text{C}$$

- 質量数（= 原子量 = 陽子の数 + 中性子の数 = 6 + 6）
- 元素記号
- 原子番号（= 陽子の数 = 6）

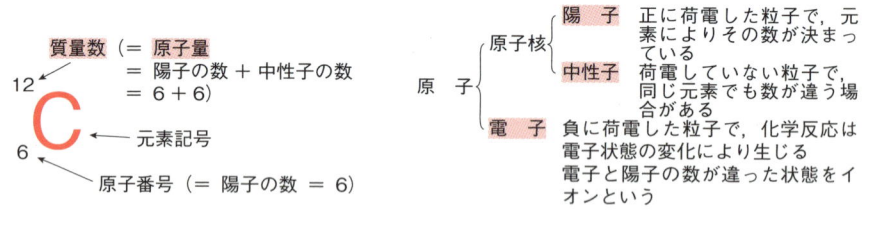

原子 ─ 原子核 ─ 陽子：正に荷電した粒子で，元素によりその数が決まっている
       └ 中性子：荷電していない粒子で，同じ元素でも数が違う場合がある
     └ 電子：負に荷電した粒子で，化学反応は電子状態の変化により生じる
              電子と陽子の数が違った状態をイオンという

図 1-1 元素記号と原子の構造

それぞれの元素には元素記号と原子番号（陽子の数）が決まっているが，同じ元素でも質量数の違う（中性子の数の違う）原子が存在する．たとえば炭素には質量数12（陽子の数が6，中性子の数が6）の原子と，質量数14の原子（陽子の数が6，中性子の数が8）がある．このように質量数が違うものを同位体という．

❷ 分子式と組成式

　分子とは，いくつかの原子が結合してできている粒子であり，物質としての性質を備えた最小のものである．分子を構成している元素（原子）の種類とその数を表したのが分子式である（図1-2, 1-3）．分子式では，原子の種類を元素記号で表し，各原子の数を元素記号の右下に示す．なお，原子の数が一つの場合は右下の数は省略する．

　食塩（塩化ナトリウム）は，塩素とナトリウムが1：1でできている結晶であり，NaClと表す．しかし，食塩は塩素原子1個とナトリウム原子1個が結合した分子として存在していないので，NaClは分子式といわず，塩素とナトリウムの組成を表している組成式という（図1-2）．

水	H_2O	水素原子2個と酸素原子1個が結合して分子を構成している
グルコース	$C_6H_{12}O_6$	炭素原子6個と水素原子12個と酸素原子6個が結合して分子を構成している
塩化ナトリウム	NaCl	塩素原子とナトリウム原子が1：1の割合で結合し結晶となっている

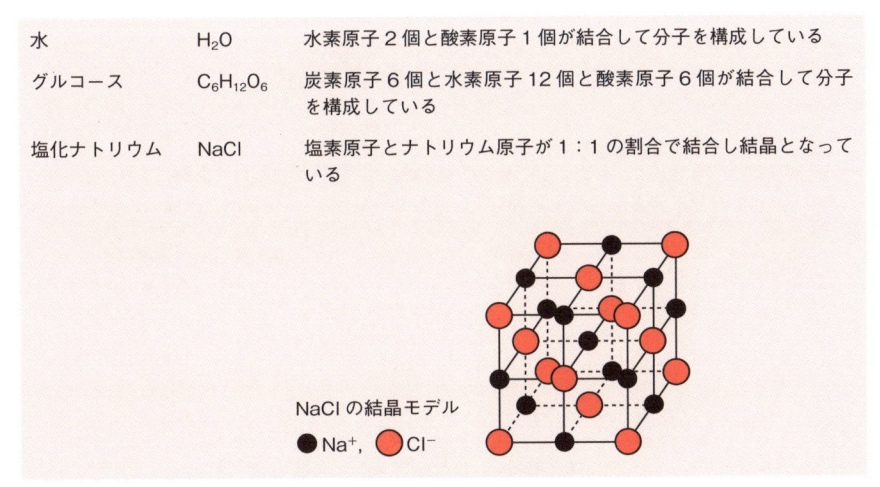

NaClの結晶モデル
● Na^+，● Cl^-

図1-2　分子式と組成式

❸ 構造式と示性式

　分子を構成している原子が互いにどのように結合しているかを，価標（共有結合を示す線）を用いて表したものを構造式という（図1-3）．有機化合物の性質を決めるはたらきをもつ原子団を官能基といい，示性式は，官能基を用いて分子の構造を表したものをいう（図1-3）．図1-4に基本的な官能基を示す．

	分子式	示性式	構造式
エタノール	C_2H_6O	C_2H_5OH エチル基 水酸基	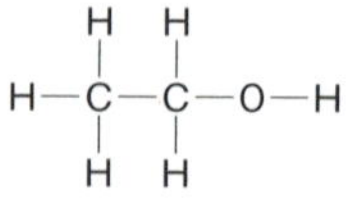 H H | | H−C−C−O−H | | H H
酢酸	$C_2H_4O_2$	CH_3COOH メチル基 カルボキシル基	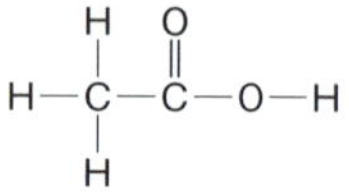 H O | || H−C−C−O−H | H
ジクロロエタン(シス型)	$C_2H_2Cl_2$	$ClHC=CHCl$	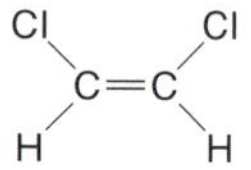 Cl Cl \\ / C=C / \\ H H
ジクロロエタン(トランス型)	$C_2H_2Cl_2$	$ClHC=CHCl$	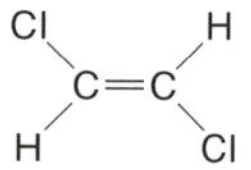 Cl H \\ / C=C / \\ H Cl

図 1-3　分子式と示性式と構造式

　分子式は，分子を構成している元素の種類とその数を示したものである．元素記号の右下の数は，その元素の個数を示している．1 個の場合は省略する．
　示性式は，官能基がわかるように示したものである．分子の性質は官能基により決まるので，示性式は，物質の性質を予測できるので便利である．CH_3 はメチル基，C_2H_5 はエチル基，OH はアルコール性水酸基，COOH はカルボキシル基である．
　構造式は，原子の結びつきを線(価標)で示したものである．シス型・トランス型といった異性体の構造を識別するときに便利である．価標の数は，炭素が 4 本，酸素が 2 本，水素が 1 本が通常である．

メチル基	CH_3-	カルボキシル基	$-COOH$
エチル基	CH_3CH_2-	アミノ基	$-NH_2$
	または C_2H_5-	アルデヒド基	$-CHO$
アルキル基	$C_nH_{2n+1}-$	ケトン基	$>C=O$
水酸基	$-OH$	リン酸基	$-H_2PO_4$

図 1-4　主な官能基

1.2 原子量，分子量，組成式量

❶ 原子量

　原子の質量(重さ)を 原子量 という．実際の原子は，ものすごく小さいために軽くて，日常的な重さの単位で表すことは不便である．そこで，ある原子の重さを基準として，それぞれの原子の相対的な値で表す．原子量の基準は ^{12}C の質量であり，その質量を 12 とする．水素原子の質量は，その 12 分の 1 であるため，水素原子の原子量は 1 である．

　ちなみに，炭素原子(^{12}C) 1 個の重さは約 0.00000000000000000000002 g (2×10^{-23} g)である．また，水素原子の 1 個の重さは約 0.00000000000000000000000167 g (1.67×10^{-24} g)である．

表 1-1　基本的な元素と原子量

元素名	元素記号	原子番号	原子量	陽子の数	電子の数
水素	H	1	1	1	1
炭素	C	6	12	6	6
窒素	N	7	14	7	7
酸素	O	8	16	8	8
ナトリウム	Na	11	23	11	11
リン	P	15	31	15	15
硫黄	S	16	32	16	16
塩素	Cl	17	35.5	17	17
カルシウム	Ca	20	40	20	20
鉄	Fe	26	55.9	26	26

❷ 分子量

　分子を構成している原子の原子量をすべて足し合わせた数を，分子量 という．

> **例　水分子（H_2O）とグルコース（$C_6H_{12}O_6$）の分子量**
>
> 水の分子は，水素原子2個と酸素原子1個で構成されている
> H_2O の分子量 ＝ 1×2（水素の原子量 × 数）＋ 16×1（酸素の原子量 × 数）
> 　　　　　　　＝ 18
>
> グルコースの分子は，炭素原子6個と，水素原子12個と，酸素原子6個で構成されている．
> $C_6H_{12}O_6$ の分子量 ＝ 12×6（炭素の原子量 × 数）＋ 1×12（水素の原子量 × 数）＋ 16×6（酸素の原子量 × 数）＝ 180
>
> （水素の原子量は1，炭素の原子量は12，酸素の原子量は16）

❸ 組成式量

組成式を構成している原子の原子量をすべて足し合わせた数を，**組成式量**という．

> **例　塩化ナトリウム（NaCl）の組成式量**
>
> NaCl の組成式量 ＝ 23×1（ナトリウムの原子量 × 数）＋ 35.5×1（塩素の原子量 × 数）＝ 58.5

COLUMN

炭素原子の原子量はぴったり12か？また，各元素の原子量は整数か？

　原子量の基準は，^{12}C（炭素12　原子量12，陽子数6，中性子数6）の原子量を12.000と決めている．自然界の炭素には ^{12}C だけでなく，中性子の数が異なる同位元素の ^{13}C（炭素13　原子量13，陽子数6，中性子数7）と ^{14}C（炭素14　原子量14，陽子数6，中性子数8）がごくわずかに存在している．化合物の炭素原子は，^{12}C と ^{13}C と ^{14}C が混在している．そのために炭素の原子量は，これらの同位元素の原子量とその存在割合の平均値である12.011がより正確な原子量となる．

　また，同様に塩素は ^{35}Cl（原子量35）が76％と ^{37}Cl（原子量37）が24％存在しているため，原子量は35.5（$35 \times 0.76 + 37 \times 0.24 ≒ 35.5$）となる．

1.3 アボガドロ数とモル

❶ アボガドロ数

水素原子(H)の重量は 1.67×10^{-24} g であり(p.5 参照)，水素分子(H_2)の重量は，3.34×10^{-24} g である．水素原子(原子量1)1 g 中に，水素原子は $1 \div (1.67 \times 10^{-24}) = 6 \times 10^{23}$ 個存在する．
水素分子(分子量2)2 g 中に，水素分子は $2 \div (3.34 \times 10^{-24}) = 6 \times 10^{23}$ 個存在する．

さらに，水素原子の12倍重たい炭素原子(C)の重量は 2×10^{-23} g であり，メタン分子(CH_4)の重量は，2×10^{-23} g $+ 1.67 \times 10^{-24} \times 4$ g $= 2.668 \times 10^{-23}$ g である．炭素原子(原子量12)12 g 中に，炭素原子は $12 \div (2 \times 10^{-23}) = 6 \times 10^{23}$ 個存在する．メタン分子(分子量16)16 g 中に，メタン分子は $16 \div (2.668 \times 10^{-23}) = 6 \times 10^{23}$ 個存在する．

このように，どのような原子でも，その原子量と同じ数の g 中には，その原子が 6×10^{23} 個存在する．また，どのような分子でも，その分子量と同じ数の g 中には，その分子が 6×10^{23} 個存在する．この 6×10^{23} 個を「アボガドロの法則」から求めたので アボガドロ数 という．すなわち，原子量や分子量に相当する g 数をはかりとれば，同じ個数(6×10^{23} 個：アボガドロ数)の原子や分子をはかりとれるため，原子や分子の数を，重量に置き換えて数えることができる．

❷ モル

6×10^{23} 個の原子や分子などのまとまりを モル という．化学実験を行う場合，化合物は重量ではかりとるのが便利であるが，化学反応ではお互いの化合物の数が基本となる．モルを用いると，重量で個数がはかりとれるので，大変便利である．
ある原子(原子量 A) A g 中に，その原子は 1 モル(6×10^{23} 個)存在する．
ある分子(分子量 B) B g 中に，その分子は 1 モル(6×10^{23} 個)存在する．

グルコースを 1 モル(6×10^{23} 個)はかりとりたいときは，以下の手順で行う．
ⅰ) まずグルコース($C_6H_{12}O_6$)の分子量を求める．ⅱ) 分子量が180と算出できたら，180 g のグルコースを天秤ではかりとる．

モルとダースは共通の概念である．すなわち，12個という数のまとまりを1ダースというのと同様に，6×10^{23}個という数のまとまりを1モルという．

> **COLUMN**
>
> ## モルをどうしても理解したいという人のために
>
> 原子量あるいは分子量と同じ数値のグラム数（1グラム原子量あるいは1グラム分子量）中には，一定の数（1モル）の原子や分子が存在する．
>
> 1モルはひとまとめした数の単位　6×10^{23}個．6×10^{23}個をまとめて1モル
> 参考：1ダースもひとまとめした数の単位　12個．12個をまとめて1ダース
>
> **イメージトレーニング：陽子・中性子が，1個の重さが0.01gのビーズだったら**
>
> 水素原子の陽子・中性子は合計1個だから水素原子の原子量は1，水素原子1個の重さは0.01g（100個の重量は1g），1g中に水素原子が100個．
>
> 炭素原子の陽子・中性子は12個だから炭素原子の原子量は12，炭素原子1個の重さは0.12g（100個の重量は12g），12g中に炭素原子が100個．
>
> 酸素原子の陽子・中性子は16個だから原子量は16，16g中に炭素原子が100個．
>
> 水分子中の陽子・中性子の合計は18個（$H_2O：1 \times 2 + 16 = 18$）だから分子量は18，水分子1個の重さは0.18g，18g中に水分子が100個．
>
> エタノール分子中の陽子・中性子の合計は46個（$C_2H_5OH：12 \times 2 + 1 \times 5 + 16 + 1 = 46$）だから分子量は46，46g中にエタノール分子が100個．
>
> このように，原子量の数値と同じ数値のグラム（これを1グラム原子量という：炭素原子の場合では12g）または，分子量の数値と同じ数値のグラム（これを1グラム分子量という：水の場合では18g）をはかりとったら，そのなかの原子や分子の数は同一である．上のイメージトレーニングではすべて100個となる．
>
> 実際には，陽子・中性子の1個の重さが1.67×10^{-24}gであるため，6×10^{23}個となる．この数をひとまとめにした単位をモルという．
>
> 原子や分子の個数をモルで数える（実際には重さで数える）のが大変に便利！
>
> 1モル　=　数：6×10^{12}個　=　重さ：1グラム原子量あるいは1グラム分子量
>
> 1モル濃度　=　溶液1L中に，溶質が1モル（6×10^{12}個）溶けている濃度

1.4　国際単位，SI 接頭辞，慣用単位

❶ 国際単位系

　実験では，試薬や実験条件，実験結果などを数値で表すことが多い．これらの数値の多くには単位がついている．実験のレポートでは，単位がついている数値に関しては単位をつけることを忘れてはいけない．単位には，国際的に認められている**国際単位**と，限られた場面で便宜的に使用されている単位とがある．長さの単位では，国際単位としてメートルが使われているが，日本では尺や寸などが使われる場

表 1-2　**基本単位**

量	基本単位 名称	基本単位 記号	定義
時間	秒	s	セシウム 133 原子の基底状態の二つの超微細準位（F = 4, M = 0 および F = 3, M = 0）間の遷移に対応する放射の周期の 9, 192, 631, 770 倍の継続時間
長さ	メートル	m	1 秒の 1/299, 792, 458 の時間に光が真空中を進む距離
質量	キログラム	kg	国際キログラム原器の質量
電流	アンペア	A	無限に長く，無限に小さい円形断面積をもつ 2 本の直線状導体を真空中に 1 メートルの間隔で平行においたとき，導体の長さ 1 メートルにつき 2×10^{-7} ニュートンの力を及ぼし合う導体のそれぞれに流れる電流の大きさ
熱力学温度	ケルビン	K	水の三重点の熱力学温度（0.01 ℃）の 1/273.16 倍．温度間隔も同じ単位　C = K − 272.15，K = C + 272.15
物質量	モル	mol	0.012 kg の炭素 12（^{12}C）に含まれる原子と等しい数の原子，分子，イオン，電子を含む系の物質量
光度	カンデラ	cd	周波数 540×10^{12} ヘルツ の単色放射を放出し，所定方向の放射強度が 1/683 W・sr^{-1} である光源のその方向における光度

合がある．実験のレポートにおいては国際単位を使用すべきである．

 国際単位系(International System of Units，略称 SI 単位)は六つの基本単位から構成され，科学の分野で標準として使用されている単位系である．その基本単位は，質量(キログラム：kg)，時間(秒：s)，長さ(メートル：m)，電流(アンペア：A)，温度(ケルビン：K)，物質量(モル：mol)，光度(カンデラ：cd)である(表1-2)．

❷ SI 接頭辞

 昔使われていた単位で，その単位ではかることが不都合な大きさの場合は，別の単位を利用していた．たとえば長さでは，寸，尺，間，里などをそれぞれ用いてきた．SI 単位では1種類の基本単位だけを使い，この基本単位に 1,000 倍や 1/1,000 倍といった倍数を示す接頭辞(表1-3)を基本単位の前につけることにより，どのよ

表 1-3 単位の接頭辞

10^n	接頭辞	記号	漢数字表記	十進数表記
10^{24}	ヨタ (yotta)	Y	一秭	1 000 000 000 000 000 000 000 000
10^{21}	ゼタ (zetta)	Z	十垓	1 000 000 000 000 000 000 000
10^{18}	エクサ (exa)	E	百京	1 000 000 000 000 000 000
10^{15}	ペタ (peta)	P	千兆	1 000 000 000 000 000
10^{12}	テラ (tera)	T	一兆	1 000 000 000 000
10^{9}	ギガ (giga)	G	十億	1 000 000 000
10^{6}	メガ (mega)	M	百万	1 000 000
10^{3}	キロ (kilo)	k	千	1 000
10^{2}	ヘクト (hecto)	h	百	100
10^{1}	デカ (deca, deka)	da	十	10
10^{0}	なし	なし	一	1
10^{-1}	デシ (deci)	d	一分	0.1
10^{-2}	センチ (centi)	c	一厘	0.01
10^{-3}	ミリ (milli)	m	一毛	0.001
10^{-6}	マイクロ (micro)	μ	一微	0.000 001
10^{-9}	ナノ (nano)	n	一塵	0.000 000 001
10^{-12}	ピコ (pico)	p	一漠	0.000 000 000 001
10^{-15}	フェムト (femto)	f	一須臾	0.000 000 000 000 001
10^{-18}	アト (atto)	a	一刹那	0.000 000 000 000 000 001
10^{-21}	ゼプト (zepto)	z	一清浄	0.000 000 000 000 000 000 001
10^{-24}	ヨクト (yocto)	y	一涅槃寂静	0.000 000 000 000 000 000 000 001

うな大きさであろうとも，一つの基本単位で表せるようにした．これにより，多くの単位を覚える必要がなく，換算の必要もなくなった．なお，基本単位系の kg は，SI 接頭辞である k がついた kg を基本単位としている．

例　基本単位 m

$1\,\text{mm} = 0.001\,\text{m} = 1 \times 10^{-3}\,\text{m}$ （ミリメートル）　　　$1\,\text{km} = 1{,}000\,\text{m} = 1 \times 10^{3}\,\text{m}$ （キロメートル）

$1\,\mu\text{m} = 0.000001\,\text{m} = 1 \times 10^{-6}\,\text{m}$ （マイクロメートル）　　　$1\,\text{Mm} = 1{,}000{,}000\,\text{m} = 1 \times 10^{6}\,\text{m}$ （メガメートル）

$1\,\text{nm} = 0.000000001\,\text{m} = 1 \times 10^{-9}\,\text{m}$ （ナノメートル）　　　$1\,\text{Gm} = 1{,}000{,}000{,}000\,\text{m} = 1 \times 10^{9}\,\text{m}$ （ギガメートル）

---

❸ よく用いられる慣用単位

リットル　体積の単位は基本単位系からはずされている．これは，体積は基本単位系の一つである長さの単位（m）を使用すれば表すことができるためである．すなわち，リットルは，$0.1\,\text{m} \times 0.1\,\text{m} \times 0.1\,\text{m}$（$= 10\,\text{cm} \times 10\,\text{cm} \times 10\,\text{cm} = 1\,\text{dm} \times 1\,\text{dm} \times 1\,\text{dm}$）の体積であり，$0.001\,\text{m}^3$（あるいは，$10^{-3}\,\text{m}^3$，$1{,}000\,\text{cm}^3$，$1\,\text{dm}^3$ など）と表されるためである．なお，単位として L の小文字"l"を使うのが一般的であるが，数字の"1"と混同しやすいことから，"L"を用いることが推奨されるようになってきた．なお，筆記体の"ℓ"は小学校などで用いられているが，正式の記号とは認められていない．

カロリー　熱量の単位として用いられている．1 カロリーは水 1 g を 1℃ 上昇させるのに必要な熱量である．しかしながら，水の比熱は温度により変化することから，温度によってカロリーは違った値となる．そこで，通常は 0℃ から 100℃ の比熱を平均したカロリーを使用している．計量法では，栄養学や生物学において，食物中や生体内の代謝に関するエネルギー量に限って使用が認められている．1 カロリー (cal) は，約 4.2 ジュール (J) である．栄養学等で使用されるカロリーは，1,000 カロリー (1,000 cal, 1 kcal)（キロカロリー）である．1,000 cal を 1 Cal と表記し，大カロリーという場合があるが，混乱の元であるので使用すべきではない．日常会話において，「キロ」が省略されカロリーとキロカロリーがはっきりと区別されないまま用いられているケースが多いので注意する．なお，1 ジュールは，$1\,\text{kg} \cdot \text{m}^2 \cdot \text{s}^{-2}$ である．1 ジュールの仕事量は，1 ワットの電球を 1 秒間点灯させた仕事量である．また，約 100 g のものを 1 m もち上げた仕事量である．

1.5 電離，電解質，電離度

❶ 電離

塩化ナトリウムを水に溶解すると，水溶液中でナトリウムイオン Na^+ と，塩化物イオン Cl^- に分かれる．このように，物質が水などの溶媒に溶けているとき，陽イオンと陰イオンに分かれることを電離という．塩化ナトリウムのように，水に溶解してイオンとなり電離するものを電解質という．一方，グルコースのように溶解してもイオンとならない物質を非電解質という．

❷ 電離度

水溶液中の酸は，電離して H^+ イオンを発生する．しかし，酸の種類によって電離する程度が異なる．電離する程度を電離度という．溶液中ですべてが電離している化合物の電離度は1である．このような電離度が高い化合物を強電解質という．また，電離はするものの電離度が低い化合物を弱電解質という．一方，まったく電離しない化合物の電離度は0であり，この化合物を非電解質という．塩酸や硫酸は，希釈水溶液中ではすべてが電離している強電解質である．一方，酢酸やシュウ酸の希釈水溶液では，その一部が電離しているだけなので弱電解質である．したがって，酸の種類によって電離度が異なるため，同じ濃度の酸溶液でも，酸の強さ（H^+ イオンの濃度）は異なる．

塩酸や硫酸のように電離度が高いものを強酸という．逆に，酢酸やシュウ酸などのようなカルボキシル基をもつ有機酸（カルボン酸）は電離度が低いため弱酸という．ただし，化合物の電離度は一定ではなく，溶液の濃度や温度により変化する．

電離度（α） ＝ 電離している電解質の量 / 溶解している電解質の量

塩酸（塩化水素）と酢酸を100個ずつ水に溶解する場合を考える．強電解質である塩酸100個を水に溶解すると，100個の塩酸すべてが H^+ と Cl^- に電離する．この結果，塩酸水溶液中には H^+ が100個存在する．一方，弱電解質である酢酸100個を水に溶解すると，96個は電離せずに CH_3COOH のままで存在し，CH_3COO^- と

H⁺とに電離するのは4個だけである．この結果，酢酸水溶液中にはH⁺が4個しか存在しない．溶液の酸の強さは，H⁺の濃度により決まる．同じモル濃度の塩酸溶液と酢酸溶液であるにもかかわらず，塩酸溶液の酸の強さは，酢酸溶液の25倍ほどとなる（図1-5）．

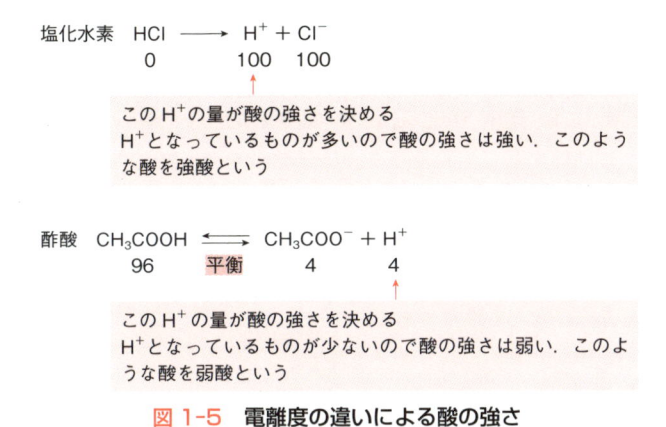

```
塩化水素  HCl ⟶ H⁺ + Cl⁻
          0     100  100
```
↑
このH⁺の量が酸の強さを決める
H⁺となっているものが多いので酸の強さは強い．このような酸を強酸という

```
酢酸  CH₃COOH ⇌ CH₃COO⁻ + H⁺
       96   平衡   4         4
```
↑
このH⁺の量が酸の強さを決める
H⁺となっているものが少ないので酸の強さは弱い．このような酸を弱酸という

図1-5　電離度の違いによる酸の強さ

COLUMN

電解質としてのたんぱく質

　たんぱく質は，分子中にカルボキシル基やアミノ基などがあり，水に溶解した場合にそれらが負電荷や正電荷をもつ．したがって，水溶液中のたんぱく質は一つの分子中に負電荷と正電荷の両方をもつため，たんぱく質を**両性電解質**という．

1.6 酸, 塩基, 中和と塩

❶ 酸・塩基の性質

酸には, 塩酸(HCl), 硫酸(H_2SO_4), 酢酸(CH_3COOH)などがあり, これらの酸は, なめると酸っぱい味がして, 青色リトマス試験紙を赤く変えたり, BTB指示薬の色を黄色に変える性質がある.

塩基には, 水酸化ナトリウム(NaOH), 水酸化アンモニウム(NH_4OH)などがあり, これらのアルカリは, 渋い味がして, 赤色リトマス試験紙を青く変えたり, BTB指示薬の色を青色に変える性質がある.

❷ 酸・塩基の定義

酸と塩基の定義には, アレニウス, ブレンステッド, ルイスの定義がある.

酸の定義

水溶液中で電離して水素イオン(H^+)を生じる　　アレニウスの酸

水素イオン(H^+)を与える物質　　　　　　　　　ブレンステッドの酸

電子対を受け入れるもの　　　　　　　　　　　　ルイスの酸

放出した水素イオン(H^+)は, H_3O^+として存在している.

塩基の定義

水溶液中で電離して水酸化物イオン(OH^-)を生じる　アレニウスの塩基

水素イオン(H^+)を受け取る物質　　　　　　　　　ブレンステッドの塩基

電子対を与えるもの　　　　　　　　　　　　　　　ルイスの塩基

塩基では, 水素イオン(H^+)を受け取ることは, 水酸化物イオン(OH^-)を出すことと同じ. $NaOH + H^+ \longrightarrow Na^+ + OH^- + H^+ \longrightarrow Na^+ + H_2O$

---

❸ 酸・塩基の価数

酸の価数　酸1分子(あるいは1組成式)から水素イオン(H^+)になることのできる

水素原子の数をその酸の価数という．また，酸1分子（1組成式）からn個の水素イオン（H^+）が生じるとき，その酸はn価の酸という．

塩基の価数 塩基1分子（あるいは1組成式）から水酸化物イオン（OH^-）になることのできる－OHの数をその塩基の価数という．また，塩基1分子（1組成式）からn個の水酸化物イオン（OH^-）が生じるとき，その酸はn価の塩基という．

主な酸と塩基の価数を次に示す．

1価の酸　　HCl（塩化水素（塩酸）），HNO_3（硝酸），CH_3COOH（酢酸）

2価の酸　　H_2SO_4（硫酸），$\begin{array}{c} CH_2COOH \\ | \\ CH_2COOH \end{array}$（シュウ酸）

3価の酸　　H_3PO_4（リン酸），$\begin{array}{c} CH_2-COOH \\ | \\ HO-C-COOH \\ | \\ CH_2-COOH \end{array}$（クエン酸）

1価の塩基　NaOH（水酸化ナトリウム），KOH（水酸化カリウム），NH_4OH（アンモニア）

2価の塩基　$Ca(OH)_2$（水酸化カルシウム）

3価の塩基　$Fe(OH)_3$（水酸化鉄（III））

---

❹ 無機酸と有機酸

塩酸や硫酸は無機物であるので**無機酸**あるいは鉱酸という．酢酸やクエン酸は，炭素骨格に水素や酸素などが結合した有機物であるので，**有機酸**という．有機酸の多くは，カルボキシル基をもった**カルボン酸**である．カルボキシル基は，水中で水素イオン（H^+）を放出するため，酸性基である．

$R-COOH \rightarrow R-COO^- + H^+$　　R－はアルキル基，－COOHはカルボキシル基

❺ 中和と塩

中和反応は，酸から生じた水素イオンH^+と，塩基から生じた水酸化物イオンOH^-が反応して，水H_2Oを生成する反応である．このとき生じる酸由来の陰イオン（H^+がはずれた残り）と塩基由来の陽イオン（OH^-がはずれた残り）が結合したものを**塩**という．

例：塩化水素溶液(塩酸)と水酸化ナトリウムとの中和反応は

HCl + NaOH $\longrightarrow$ H$_2$O + NaCl

酸と塩基を混合して中和反応を行わせたとき，酸のH$^+$と塩基のOH$^-$の量が等しいとき中和する．

中和の公式 中和したときには，酸と塩基とに次の式が成り立つ．

　酸の溶液のH$^+$の数｛モル濃度(M)×体積(V)×価数｝

　　＝塩基の溶液のOH$^-$の数｛モル濃度(M)×体積(V)×価数｝

H$^+$またはOH$^-$の数は，「モル濃度(M)×体積(V)×価数」で求められる．たとえば，0.1 Mの硫酸3 L中のH$^+$の数は次のように算出できる．0.1 Mの溶液1 L中には，硫酸が0.1モル($6 \times 10^{23} \times 0.1$個)存在し，3 L中には，硫酸が$6 \times 10^{23} \times 0.1 \times 3$個存在する．硫酸は2価の酸(一つの硫酸から生じるH$^+$が二つ：H$_2$SO$_4$ $\longrightarrow$ 2H$^+$ + SO$_4^{2-}$)であるため，H$^+$の数は$6 \times 10^{23} \times 0.1 \times 3 \times 2$となる．

弱酸の中和 弱酸は平衡状態で電離度が低いため，水溶液中の弱酸の分子の個数に対し，H$^+$の数は少ない．しかし，中和反応が進むとH$^+$が減少し弱酸の平衡状態が崩れる．平衡状態を取り戻すため，初めは電離していなかった弱酸の一部が電離する．さらに中和が進むと，さらに電離が進む．この結果，最終的に中和したときには弱酸はすべて電離するため，弱酸のH$^+$の数はM×V×価数で算出される数となる．弱塩基でも同様である．

COLUMN

化学式中にOHがある化合物はすべて塩基か

水酸化ナトリウム(NaOH)，フェノール(C$_6$H$_5$OH)，エタノール(C$_2$H$_5$OH)には，それぞれの化学式にOHが存在する．これらのOHの性質は異なる．

水酸化ナトリウムは，水溶液中ではNaOH $\longrightarrow$ Na$^+$ + OH$^-$となり塩基である．

フェノールは，水溶液中で電離してC$_6$H$_5$OH $\longrightarrow$ C$_6$H$_5$O$^-$ + H$^+$となるので酸として働く．フェノールの別名は石炭酸である．

エタノールは，水溶液中でH$^+$もOH$^-$も放出しないので酸でも塩基でもなくアルコールである．エタノールのOHは親水性のアルコール性水酸基という．

なお，アンモニア(NH$_3$)の化学式にはOHがないが，水溶液中のアンモニアは水と反応して水酸化アンモニウムとなり電離してOH$^-$を放出するため塩基である．反応式は，NH$_3$ + H$_2$O $\longrightarrow$ NH$_4$OH(NH$_4^+$ + OH$^-$)である．

1.7　濃度　その1：パーセント濃度

　水溶液の場合，溶液中に溶質がどれほど溶けているかを百分率（パーセント％：100当たり）で表したものを**パーセント濃度（質量パーセント，容量パーセント，質量/容量パーセント）**という．

❶ 質量パーセント濃度

　溶液と溶質の質量同士の百分率で表した濃度を**質量パーセント濃度**という．全量100 g中にエタノールを10 g含む溶液（水が90 gとエタノールが10 g）を10％エタノール溶液という．この場合は，質量パーセント濃度または**％（w/w）**（wはweight 重量 の略）と表す．単位で表せば，g/100 gとなる．

❷ 容量パーセント濃度

　溶液と溶質の体積同士の百分率で表した濃度を**容量パーセント濃度**という．全量100 mL中に95 mLのエタノールを含むものを95％エタノール溶液という．他のパーセント濃度と区別するために，容量パーセント濃度または**％（v/v）**（vはvolume 体積 の略）と表す．単位で表せば，mL/100 mLとなる．

❸ 質量/容量パーセント濃度

　溶液の体積と溶質の質量とを用いて百分率で表した濃度を**質量/容量パーセント濃度**，または**％（w/v）**と表す．単位で表せば，g/100 mLとなる．これは単位が異なるものを比較しており，厳密な意味では百分率ではない．例として，水100 mLに食塩を1 g溶解したものを便宜上1％食塩水溶液という場合がある．この場合，食塩水である溶液は100 gでも100 mLでもない．濃度を厳密に表すより，試薬をつくる簡便さを優先させた濃度の用い方である．微生物の培地としてよく用いられる1.5％の寒天培地は，通常，水100 mLに寒天を1.5 g溶解してつくられる．

1.8　濃度　その2：モル濃度と当量

❶ モル濃度

　分子量あるいは原子量に相当する g 数中に存在する分子あるいは原子の数は，アボガドロ数といい 6×10^{23} 個である．この数をひとまとめにしてモル(mol)という．モル濃度は，溶液 1 L 中に溶けている物質の量をモルで表した濃度で，M と表す．単位で表せばモル/L となる．溶質が 1 モル(6×10^{23} 個)溶解している溶液の濃度は 1 モル濃度である．2 モル濃度は，溶液 1 L 当たり 2 モル($2 \times 6 \times 10^{23}$ 個)溶解している溶液である．モル濃度を用いれば，分子の大きさにかかわらず，同じモル濃度溶液には同じ個数の分子が存在するため，反応溶液中の数を理解できるためよく用いられる．分子量に相当する重量を，グラム分子量という．分子量 180 の化合物の 180 g を 1 グラム分子量といい，1 グラム分子量中にこの化合物が 1 モル(6×10^{23} 個)存在する．

> 定義　1 モル濃度　＝　溶液 1 L 中に，溶質が 1 モル溶解している濃度

❷ モル濃度を用いた溶液中の溶質の個数の求め方

　モル濃度は，溶液 1 L 中の溶質の個数を表しているため，モル濃度(M) × 体積(V)でその溶液中に含まれる溶質のモル数(すなわち溶質の個数)がわかる．
　A モル濃度の溶液 B L 中に解けている溶質のモル数(個数)は，モル濃度(M：モル/L) × 体積(L)
　すなわち　A × B　で求められる．

> 例　0.5 モル濃度(M)のグルコース溶液 0.1 L 中に溶解しているグルコースの個数
> $0.5\,M \times 0.1\,L\ =\ 0.5\,モル/L \times 0.1\,L\ =\ 0.05\,モル(0.05 \times 6 \times 10^{23}\,個)$

❸ モル濃度を用いた試薬の調製法

> **例　0.5 M のグルコースの水溶液を 100 mL つくる**
>
> 　グルコースの分子式は $C_6H_{12}O_6$ であり，分子量は 180 である．グルコースの 1 グラム分子量である 180 g 中には，グルコースが 1 モル(6×10^{23} 個)存在している．
>
> 　上の定義から，1 モル濃度(M)はグルコース 1 モル(180 g)を水に溶解して全量を 1 L としたものである．
>
> 　濃度を，目的の濃度に合わせる．
> 0.5 モル濃度の水溶液 1 L 中には，グルコースを 90 g(180×0.5)溶かせばよい．
> 　体積を，目的の体積に合わせる．
> 0.5 モル濃度の水溶液 0.1 L 中には，グルコースを 9 g(90×0.1)溶かせばよい．
> 　すなわち，グルコースを 9 g はかりとり，水に溶解して全量を 0.1 L(100 mL)とする．なお，全量を 100 mL とするためには，100 mL 容メスフラスコを用いるとよい．

❹ グラム分子量とグラム当量

グラム分子量　分子量に相当する g 数をグラム分子量といい，1 グラム分子量中にはその分子が 1 モル(6×10^{23} 個)含まれている．これは分子量だけでなく組成式量でも同じことがいえる．分子量 180 のグルコースの 1 グラム分子量は，180 g である．

グラム当量と価数　モルは分子の数を問題にするときには大変便利な単位であるが，酸の量に関係する H^+ では不便である．そこで，この不便さを解消するために当量が用いられる．当量は，組成式量を価数で割った値であり，当量に相当する重量(グラム数)をグラム当量という．

　塩化水素は 1 価の酸である．1 グラム分子量は 36.5 g であり，1 グラム当量も 36.5 g である．塩化水素 1 グラム分子量(正確にはグラム組成式量)36.5 g 中に，化合物が 1 モル(6×10^{23} 個)存在しており，1 グラム当量中にも H^+ が 1 モル(6×10^{23} 個)存在する．

　一方，硫酸は 2 価の酸である．1 グラム分子量は 98 g であり，1 グラム当量は 49 g($98 \div 2$ 価)である．硫酸 1 グラム分子量(正確にはグラム組成式量)98 g 中に，化合物が 1 モル(6×10^{23} 個)存在し，H^+ が 2 モル($2 \times 6 \times 10^{23}$ 個)存在する．したがって，1 グラム当量(0.5 グラム分子量)である 49 g 中には H^+ が 1 モル(6×10^{23} 個)存在す

る．

　このように，分子の個数を問題にしたいときには，グラム分子量を基準としたモル濃度を用いることが便利である．また，酸としての H^+ の個数を問題にしたいときには，下記のように定義されているグラム当量を基準とした濃度である規定濃度(N)を用いることが便利である．

定義　1規定濃度(1N)は，溶液1L中に，H^+ あるいは OH^- が1モル溶解している濃度

　規定濃度(N) ＝ モル濃度(M)×価数

2章

実験を理解するための基礎知識

化学変化と化学反応式
酸化と還元
pH 計算
緩衝液と緩衝作用
菌体数の計測
酵素実験の基礎
吸光度法

2.1 化学変化と化学反応式

❶ 化学変化

　酸素と水素が化合すると水になる．グルコースが酸素と化合すると酸化分解して，水と二酸化炭素になる．このような変化を化学変化あるいは化学反応という．化学変化が起きる前の物質を反応物という．反応物が化学変化してできる物質を生成物という．化学変化により，反応物を構成していた原子の組合せが変化して生成物ができる．

反応物	生成物
酸素（O_2） と 水素（H_2）	水（H_2O）
グルコース（$C_6H_{12}O_6$） と 酸素（O_2）	水（H_2O） と 二酸化炭素（CO_2）

❷ 化学反応式

　化学変化を表すときは化学反応式を用いる．化学反応式は左辺に反応物の化学式を，右辺に生成物の化学式を書き，左辺と右辺を矢印（ ⟶ ）で結ぶ．また，化学反応式では，左辺の反応物（複数の反応物があればそれらの合計）と右辺の生成物（複数の生成物があればそれらの合計）の原子の種類と各原子のそれぞれの合計数が等しくなる．

　上の反応は，次のようになる．

$$2H_2 + O_2 \longrightarrow 2H_2O$$
$$C_6H_{12}O_6 + 6O_2 \longrightarrow 6H_2O + 6CO_2$$

❸ 化学反応式のつくり方

化学反応式の規則　化学反応式では，左辺（反応物）と右辺（生成物）の原子の種類と各原子のそれぞれの合計数が等しくなければならない．そのために，必要に応じて

化学式の前に係数をつける．ただし，係数が1の場合は省略する．また，化学変化には関与するが，反応の前後で変化しない触媒などの物質は，反応式中には記載しない．

化学反応式のつくり方　グルコースが酸素と反応して水と二酸化炭素になる反応がある．反応物はグルコース（$C_6H_{12}O_6$）と酸素（O_2）であり，生成物は水（H_2O）と二酸化炭素（CO_2）であり，化学反応式は下記のようになる．

$$C_6H_{12}O_6 + O_2 \longrightarrow H_2O + CO_2$$

しかし，原子の種類は，左辺と右辺はともにC，H，Oでそろっているが，それぞれの原子の数は一致していない．そこで次のように行う．

1. Cの数を一致させるために，CO_2に係数6をつける．同様にHの数を一致させるために，H_2Oに係数6をつける．

$$C_6H_{12}O_6 + O_2 \longrightarrow 6H_2O + 6CO_2$$

2. しかし，Oの数がまだ一致していない．一致させるためにO_2に係数6をつける．

$$C_6H_{12}O_6 + 6O_2 \longrightarrow 6H_2O + 6CO_2$$

この結果，左辺と右辺の原子の種類（C，H，O）と，それぞれの数（Cは6個，Hは12個，Oは18個）が等しくなり化学反応式が完成する．

COLUMN

水素（H）と酸素（O）が反応して水（H_2O）が生じる化学反応式は

化学反応式を①と記述するのは不適切である．なぜなら，水素分子（H_2）と酸素分子（O_2）が反応しているからである．したがって，反応式は②を基にして係数をつけた③が正しい書き方となる．まれに，生成する水分子が1分子であることを強調したいときに④のように記述することもある．

$$2H + O \longrightarrow H_2O \qquad ①$$
$$H_2 + O_2 \longrightarrow H_2O \qquad ②$$
$$2H_2 + O_2 \longrightarrow 2H_2O \qquad ③$$
$$H_2 + 1/2\,O_2 \longrightarrow H_2O \qquad ④$$

2.2 酸化と還元

　酸化とは，物質が酸素と化合するか，電子を失うか，水素を失う反応である．一方，還元とは，物質が酸素を失うか，電子と結合するか，水素と化合する反応である．

❶ 酸化

酸素と化合する反応　物質が酸素と化合するとき，その物質は酸化されたといい，この反応を酸化という．カルシウム（Ca）の場合は，$2Ca + O_2 \longrightarrow 2CaO$ となり，カルシウムは酸化されたことになる．

電子を失う反応　上記の反応を，電子のやりとりの面からみると

　　$2Ca \longrightarrow 2Ca^{2+} + 4e^-$　　カルシウム原子から電子が離れ
　　$4e^- + O_2 \longrightarrow 2O_2^-$　　離れた電子が酸素に供給される．

カルシウム原子が酸化される反応は，カルシウム原子が電子を奪われる反応でもある．

水素を失う反応

　　$2H_2S + O_2 \longrightarrow 2S + H_2O$

この反応においては，硫黄（S）は酸化された．

❷ 還元

　還元反応は酸化の逆の反応である．

酸素を失う反応　$CuO + H_2 \longrightarrow Cu + H_2O$　　銅（Cu）は還元された．
電子を得る反応　$Cl_2 + 2e^- \longrightarrow 2Cl^-$　　塩素（Cl_2）は還元された．
水素と化合する反応　$2H_2S + O_2 \longrightarrow 2S + H_2O$　酸素（O_2）は還元された．

❸ 酸化還元反応

　酸化は電子を失う反応であり，還元は電子を得る反応であるため，酸化反応が生

じれば，その反応と同時に還元反応も起こる．これをまとめて**酸化還元反応**という．

定義　酸化数と酸化還元反応

酸化数は，次のようにして求められる．

1. 単体の酸化数は 0 である．
2. イオンではイオンの価数に等しい．
3. 化合物全体の酸化数の総和は，0 である（水素原子の酸化数は ＋1，酸素原子は －2）．
4. 2種類以上の原子からできているイオンの酸化数の総和は，そのイオンの価数に等しい．

また酸化数と酸化還元反応については，次のようにまとめられる．

1. 物質中のある原子の酸化数が増加する変化が起きたとき，その変化を酸化反応という．
2. 物質中のある原子の酸化数が増加したとき，その物質は酸化されたという．
3. 物質中のある原子の酸化数が減少する変化が起きたとき，その変化を還元反応という．
4. 物質中のある原子の酸化数が減少したとき，その物質は還元されたという．

COLUMN

生体内の酸化反応

グルコース（$C_6H_{12}O_6$）に火をつけて燃焼させた場合は，①の一段階の反応となる．

$$C_6H_{12}O_6 + 6O_2 \longrightarrow 6H_2O + 6CO_2 \quad ①$$

生体内では，エネルギー源となる栄養素を細胞内で酸化してエネルギーを生産しており，これを内呼吸という．最初と最後の変化を示すと①の反応となる．内呼吸では，多くの段階の反応が連続した代謝系によって酸化されている．H_2O は，代謝系を構成している脱水素反応（酸化反応）で得た還元当量 2[H] と，外呼吸により取り込んだ酸素から，反電子伝達系を通して生産される酸化反応（$2[H] + 1/2O_2 \longrightarrow H_2O$）で生産される．一方，$CO_2$ は代謝系中のカルボキシル基がはずれる脱炭酸反応により生産される．

2.3 pH 計算

❶ 純水の pH

　酸や塩基の水溶液の **pH** を計算で求めることができる．pH は H^+ のモル濃度 $[H^+]$ を $-\log$ で処理した $-\log[H^+]$ の値である．

$$pH = -\log[H^+]$$

　純水は，酸でも塩基でもなく中性である．その純水中には，ごくわずかな水分子が電離してできた H^+ と OH^- が同数存在している．その濃度は，H^+ のモル濃度 $[H^+]$ と，OH^- のモル濃度 $[OH^-]$ がともに 0.0000001 モル濃度（10^{-7} モル濃度）存在している．このように，純水中には，酸としての働きをする H^+ と塩基としての働きをする OH^- が同数あるため，中性となっている．純水の pH を求めると

$$pH = -\log[H^+] = -\log 10^{-7} = -(-7) = 7$$

となり，pH = 7 となる．したがって，中性の pH は 7 である．

　また，水溶液においては，H^+ のモル濃度 $[H^+]$ と OH^- のモル濃度 $[OH^-]$ の積が常に 10^{-14} モル濃度となる．これを **水のイオン積** という．

　水のイオン積より　$[H^+] \times [OH^-] = 10^{-14}$

式の両辺を log 処理すると

　$\log[H^+] + \log[OH^-] = \log 10^{-14}$

式の両辺に -1 をかけると

　$-\log[H^+] + (-\log[OH^-]) = -\log 10^{-14} (= 14)$

　$-\log$ を p で表すと（図 2-1）　pH + pOH = 14

pH	0	1	2	3	4	5	6	7	8	9	10	11	12	13	14
pOH	14	13	12	11	10	9	8	7	6	5	4	3	2	1	0
	酸性							中性					塩基性		

図 2-1　pH と pOH，酸性，塩基性の関係

❷ 強酸あるいは強塩基の水溶液のpH

酸は，水溶液中で電離して水素イオン（H^+）を生じるが，100％電離している電離度が1の酸を強酸という．また，100％電離している電離度1の塩基を強塩基という．

強酸あるいは強塩基の0.1モル濃度程度以下の水溶液中のH^+あるいはOH^-のモル濃度は，強酸あるいは強塩基の濃度と等しい．

例　0.1モル濃度の塩酸溶液のpH

0.1モル濃度の塩酸溶液中のH^+のモル濃度は，塩酸のモル濃度×電離度であり，強酸や強塩基の電離度は1である．

したがって，H^+のモル濃度$[H^+]$は，$[H^+] = 0.1 \times 1 = 0.1 = 10^{-1}$である．

$pH = -\log[H^+] = -\log 10^{-1} = -(-1) = 1$

したがって，0.1モル濃度の塩酸溶液のpHは1である．

例　0.1モル濃度の水酸化ナトリウム溶液のpH

上記の塩酸溶液の$[H^+]$の場合と同じ計算を$[OH^-]$で行う．

0.1モル濃度の水酸化ナトリウム溶液のpOHは1である．

$pH + pOH = 14$であるので，$pH = 14 - pOH = 14 - 1 = 13$となる．

0.1モル濃度の水酸化ナトリウム溶液のpHは13である．

---

❸ 弱酸あるいは弱塩基の水溶液のpH

水溶液中で酸の一部しか電離しない酸を弱酸という．同様に塩基の一部しか電離しない塩基を弱塩基という．

弱酸や弱塩基は，電離度が1ではない．弱酸を例にとると，H^+のモル濃度$[H^+]$は，$[H^+] = $ 弱酸のモル濃度 × 電離度 となる．したがってpHの算出に電離度が必要である．

例 0.01 モル濃度の 1 価の弱酸溶液の pH　なお，この弱酸の電離度を 0.1 とする．

1 価の弱酸の H^+ のモル濃度は，弱酸のモル濃度×電離度である．

したがって，H^+ のモル濃度 $[H^+]$ は，$[H^+] = 0.01 \times 0.1 = 0.001 = 10^{-3}$ である．

この溶液の pH は，$pH = -\log[H^+] = -\log 10^{-3} = -(-3) = 3$

したがって，0.01 モル濃度のこの 1 価の弱酸溶液の pH は 3 である．

❹ 価数が 2 以上の酸や塩基の pH

価数が 2 以上の酸や塩基の水溶液中の H^+ や OH^- のモル濃度は，酸あるいは塩基のモル濃度×価数×電離度として算出する．次に算出した $[H^+]$ を用いて，$pH = -\log[H^+]$ から pH を求める．あるいは算出した $[OH^-]$ から pOH を求め，$pH = 14 - pOH$ の式から pH を求める．

COLUMN

強酸，強塩基のモル濃度と溶液の pH

なお，強酸や強塩基の高濃度の溶液中では相対的に水が少ないため，H^+ の電離が完全に行われない．本書では，H_3O^+ を便宜的に H^+ と表している．下の式でもわかるように，溶液中の H^+（正確には H_3O^+）は水との反応により生じるため，高濃度の酸や塩基では相対的に水が少ないため完全に電離しないこととなる．

$$HA + H_2O \longrightarrow H_3O^+ + A^-$$

したがって，強酸や強塩基のモル濃度と溶液中の H^+ のモル濃度に違いがあり，強酸や強塩基のモル濃度－log で処理して求めた pH の値と，実際の溶液の pH の値とにずれが生じる．たとえば，市販の濃塩酸（37.2％）は約 11.5 モル濃度であり，計算上 pH は－1.1 前後となる．しかし，理論上 pH が負の値になることはありえない．また，このような条件下では，pH メーターも正確に作動しない．

2.4 緩衝液と緩衝作用

❶ 緩衝液と緩衝作用

「緩衝」の意味は,「二つの物の間の衝突や衝撃をゆるめやわらげること」(広辞苑)である．化学では,酸や塩基の影響をゆるめやわらげる意味に用いている．緩衝液は,酸や塩基が添加されても,加えられた酸や塩基の影響をゆるめやわらげられる性質をもった溶液のことをいう．すなわち,少量の酸や塩基を加えたり,多少濃度が変化したりしても pH が変化しないような作用を緩衝作用といい,緩衝作用をもつ溶液のことを緩衝液という．緩衝液には,緩衝作用を起こす化合物の違いにより,酢酸緩衝液,炭酸緩衝液,リン酸緩衝液などいろいろな種類がある．

❷ 酢酸-酢酸ナトリウム緩衝液の場合

酢酸緩衝液を例にとり,緩衝作用を説明する．酢酸緩衝液は,酢酸と酢酸ナトリウムを混合した溶液である．酢酸緩衝液中では,酢酸は弱酸であるため,あまり電離していない．一方,酢酸ナトリウムは,水溶液中でほとんど電離している．このため,酢酸-酢酸ナトリウム溶液中には,CH_3COOH と CH_3COO^- と Na^+ が多く存在し,H^+ が少量存在して平衡状態となっていることとなる(図 2-2, a)．この溶液に酸(H^+)が加えられたときは,CH_3COOH と $CH_3COO^- + H^+$ との間の平衡状態を維持する方向に反応が進むため,加えられた H^+ の多くが CH_3COO^- と反応して CH_3COOH となり H^+ としてほとんど残らないため,pH はあまり変化しない(図 2-2, b)．逆に,アルカリ(OH^-)が加えられたときには,H_2O と $H^+ + OH^-$ との間の平衡状態を維持する方向に反応が進むため,加えられた OH^- は少量存在している H^+ と反応して H_2O となる．反応して H^+ はすぐになくなりそうであるが,実際には平衡状態の維持のため CH_3COOH が電離して H^+ を補給する．その結果,最終的に加えられた OH^- の多くが H^+ と反応して H_2O となりほとんど残らないため,pH はあまり変化しない(図 2-2, c)．このように,酢酸-酢酸ナトリウム溶液は緩衝作用をもつ緩衝液である．

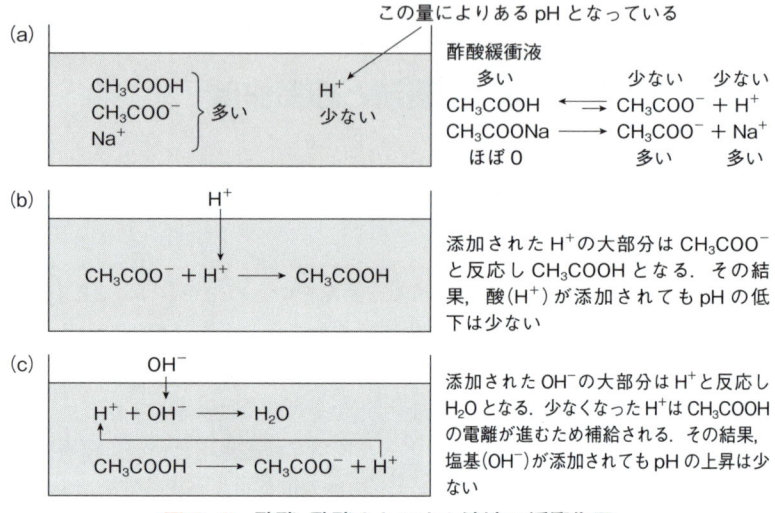

図2-2 酢酸-酢酸ナトリウム溶液の緩衝作用

(a) この量によりあるpHとなっている

酢酸緩衝液 CH_3COOH, CH_3COO^-, Na^+ 多い；H^+ 少ない

$$\text{多い} \quad \text{少ない} \quad \text{少ない}$$
$$CH_3COOH \rightleftarrows CH_3COO^- + H^+$$
$$CH_3COONa \longrightarrow CH_3COO^- + Na^+$$
$$\text{ほぼ0} \quad \text{多い} \quad \text{多い}$$

(b) H^+ 添加
$$CH_3COO^- + H^+ \longrightarrow CH_3COOH$$

添加されたH^+の大部分はCH_3COO^-と反応しCH_3COOHとなる．その結果，酸(H^+)が添加されてもpHの低下は少ない

(c) OH^- 添加
$$H^+ + OH^- \longrightarrow H_2O$$
$$CH_3COOH \longrightarrow CH_3COO^- + H^+$$

添加されたOH^-の大部分はH^+と反応しH_2Oとなる．少なくなったH^+はCH_3COOHの電離が進むため補給される．その結果，塩基(OH^-)が添加されてもpHの上昇は少ない

COLUMN

体内の緩衝作用

　体内には多くの種類の酵素が存在し，各種の反応を進めている．酵素にはpH依存性という性質があり，これは酵素の働きが溶液のpHに左右される性質である．もし体液のpHが簡単に変化するようであれば，酵素の働きがそれによって左右されることになる．このようなことにならないよう体液には緩衝作用があり，pHが簡単には変化しないようになっている．

　体内のおもな緩衝液として，次の二つがあげられる．

炭酸-重炭酸緩衝液　炭酸(H_2CO_3)と重炭酸(炭酸水素ナトリウム　$NaHCO_3$)とからなる緩衝系である．血液等における緩衝系であり，血液のpHを一定に維持する役割をもっている．

リン酸緩衝液　リン酸一ナトリウム(NaH_2PO_4)とリン酸二ナトリウム(Na_2HPO_4)からなる緩衝系である．細胞内液における緩衝系であり，細胞内液のpHを一定に維持する役割をもっている．

2.5 菌体数の計測

❶ 菌体数の計測

　菌体数の測定は，菌体がほぼ均一に存在する試料から，菌体数測定用の試料を採取して，この中の全菌体数を計測し，一定量の試料当たりの菌体数（1 g 当たりの菌体数）を求め，必要であればさらに元の試料全体の菌体数を算出することである．必要に応じて生理的食塩水で希釈し，数えやすい菌体密度にする．

　菌体数測定用の試料中の菌体数の測定には，顕微鏡を用いた菌体数の計測，パーティクル・カウンターを用いた菌体数の計測，濁度計または吸光度計を用いた濁度または吸光度による菌体数の計測などがある．これらの方法は，測定対象の菌体の生死にかかわらず，また，菌体に類似した粒子もカウントしてしまう可能性がある計測法である．これに対して，生きている菌体数（生菌数）のみをカウントする方法として，コロニーカウント法や染色法がある．食品試料のように，菌体以外の粒子を多く含む試料や，定常期以降の死菌を多く含む試料においては，計測される菌体数と生菌数に大きな差が生じることがある．

❷ 顕微鏡を用いた菌体数の計測

　バクテリア計算板（計数盤）を用いて，試料の一部を採取した菌体数測定用試料中の全菌体数を数え上げる方法である．

　計算板はガラス面をわずかに削って隙間を作ったプレパラートで，一定間隔の「格子」が刻んである．この計算板に，菌体数測定用の試料溶液を垂らし，カバーグラスをかけると，計算板とカバーグラスの間に一定容積の隙間ができる．この隙間の格子と格子に囲まれた区画に存在する微生物数を顕微鏡で数え上げる（格子にかかったように見える格子上の菌体については，右辺か左辺，上辺か下辺のいずれか，それぞれ一方の辺の格子のみをカウントし，その他の辺の格子についてはカウントしない）．この方法では，生菌と死菌の区別がつかないので，菌体と，菌体とよく似た粒子の見極めが必要である．

> **例** ある試料溶液を生理的食塩水で 10,000 倍に希釈し，この希釈溶液中の菌体数を計算板で計測した．用いた計算板には 0.1 mm の隙間があり，1 mm 四方の格子に区切られた範囲の菌体数をカウントしたところ，菌体数が 100 であった．
> 　菌体数をカウントした計算板の隙間容積は　$0.1\,\text{mm} \times 1\,\text{mm} \times 1\,\text{mm} = 0.1\,\text{mm}^3$
> 　希釈溶液中の菌体数は，100 個/$0.1\,\text{mm}^3$，1,000 個/mm^3，10^6 個/mL（1 mL $= 1,000\,\text{mm}^3$）
> 　元の試料溶液中には，10^6 個/mL $\times$ 10,000 $= 10^{10}$ 個/mL となる．

❸ パーティクル・カウンターを用いた菌体数の計測

　パーティクル（粒子）を計測する機械により菌体数を計測する方法である．溶液中のパーティクルを計測するタイプは，機械の測定部にある細い間（細孔）に電気を流しておき，試料溶液中の微粒子（菌体）が細孔を通過するときに起こる電気抵抗の変化を利用して，粒子数（菌体数）を計測する．血球のカウントによく利用されている．また，気体中のパーティクルを計測するタイプは，光の散乱を利用して計測する．

　測定自体は簡便であるが，機械の調整が必要であることと，測定する粒子が目的の菌体であるかどうか判断する必要がある．また，生菌と死菌の区別はつかない．

❹ コロニーカウント法による菌体数の計測

　生菌数を数える一般的な方法である．生理的食塩水で適度に希釈した試料溶液を寒天培地上で培養し，形成されたコロニーの数を数える．各コロニーは，試料溶液中の生菌 1 個から増殖してできたものとして生菌数を計測する．生菌数を計測する基本的な方法であるが，以下のような注意が必要である．

　計測目的の菌がコロニーをつくる（つくりやすい）タイプの菌であること．用いる寒天平面培地が目的の菌の栄養特性などを満たした増殖に適する培地であること．試料溶液中に増殖を妨げる物質が存在しないこと．培地に増殖したコロニー数がカウントしやすい個数（30 ～ 300 個）になるような希釈操作を行うこと．

❺ 染色法による菌体数の計測

　染色法には，生きている細菌にのみ取り込まれる色素や，生きている細菌がつくり出す代謝産物と反応する色素などで染色された生菌数を数える方法がある．

2.6　酵素実験の基礎

❶ 酵素反応

　酵素は，触媒作用をもつたんぱく質である．触媒作用とは，活性化エネルギーを低下させる作用であり，このため反応速度が速い．また基質特異性が高いため，定量法に利用した場合，特定の物質の定量が可能となる．酵素反応は，温度条件やpHにより影響を受けるので，これらの条件を一定にするため恒温水槽や緩衝液を用いる．

　　酵素反応　　酵素 + 基質 ⟷ 酵素−基質複合体 ⟶ 酵素 + 生産物

　酵素反応は基質と生産物の相対的な量が一定となる平衡状態に達する時間を短くする反応で，平衡状態を変化させる反応ではない．たとえば，ある酵素反応において基質量と生産物量の比が 1：1 で平衡状態となるなら，酵素反応系中に加えられた基質を生産物に変化させる反応は触媒作用で速やかに進むが，反応が経過して基質量と生産物量の比が 1：1 に近づくにつれ，逆の向きの反応の速度が徐々に速くなり，見かけ上の反応は 1：1 で停止したようになる．

❷ 酵素反応量の測定および酵素を利用した定量法

　酵素反応量の測定は，基質の減少量か生産物の増加量を測定すればよい．通常，生産物を発色させ，吸光度法で定量する場合が多い．酵素の基質特異性を利用して酵素を用いた特異性の高い定量を行うことができる．定量したい物質を基質とする酵素を用いて酵素反応を行い，反応により生じた生産物を吸光度法などで定量する．

❸ 酵素反応速度（酵素活性）の測定

　酵素反応速度（単位時間当たりの酵素反応量）を測定するためには，酵素反応停止液を設定した時間に加えて，酵素反応を終了させる．また，酵素反応速度は最大反応速度を測定することが普通であり，このためには酵素量に対して十分量の基質を反応系に加える必要がある．

2.7 吸光度法

❶ 吸光度

　色素（色のついた物質）は，その色に対応した波長の光を吸収する性質がある．溶液中に存在している色素が多ければ，その溶液の色は濃くなる．溶液中の色素の量と，色の濃さは比例する．色の濃さを吸光度として測定することにより，色素の定量を行うのが吸光度法である．吸光度による定量には分光光度計を用いる．色素にはそれぞれ最も良く吸収する波長の光があり，これをその色素の最大吸収波長という．この最大吸収波長における吸光度で最も感度良く定量できる．吸光度による定量には，分光光度計を用い，最大吸収波長の光を分光して定量に用いる．試料溶液を透過した光の量を光電池に当て，光の量を電流の強さに変換し数値として表示するのが分光光度計の吸光度である（図2-3）．吸光度は，試料中の色素のモル濃度に比例するため，色素の定量が可能となる．

　定量目的の物質を，発色試薬で定量的に発色させて色素とし，この色素溶液の吸光度を測定すれば，「定量したい物質」と「色素」と「吸光度」は互いに比例し定量することから，「吸光度」により「定量したい物質」の定量ができる（図2-4）．

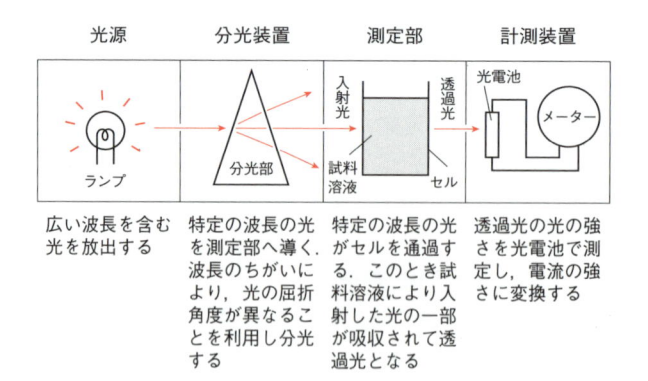

光源	分光装置	測定部	計測装置
広い波長を含む光を放出する	特定の波長の光を測定部へ導く．波長のちがいにより，光の屈折角度が異なることを利用し分光する	特定の波長の光がセルを通過する．このとき試料溶液により入射した光の一部が吸収されて透過光となる	透過光の光の強さを光電池で測定し，電流の強さに変換する

図2-3　分光光度計のしくみ

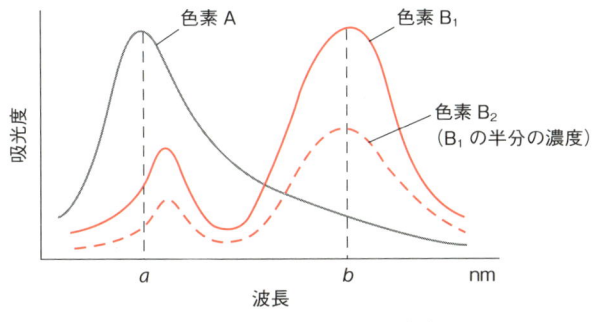

図 2-4 色素と波長と吸光度

色素 A と色素 B は異なる物のため,波長による吸光のパターンが異なる.色素の濃度が異なると吸光度(吸光される割合)が異なる.色素の濃度と吸光度は比例する.

B_1 に比べ B_2 は半分の濃度であるため,すべての波長における吸光度は半分となる.

B の濃度のちがいが,一番大きな吸光度のちがいとなるのは,波長が b のときである.

したがって通常色素 B の定量には波長 b の光を用いる.同様に色素 A の定量には波長 a の光を用いる.

❷ 検量線を用いた定量

実際の定量操作では,定量目的化合物(濃度がわからない)を含む試料溶液と,**標準濃度溶液**(定量目的化合物の濃度がわかっている何種類かの濃度系列溶液)と,定量目的化合物を含まない**盲検**用溶液の発色操作とを同一条件で同時に行い,それぞれの吸光度を測定する.試料溶液と標準濃度溶液の吸光度から盲検用溶液の吸光度を差し引き補正する.補正後の標準濃度溶液の吸光度とそれぞれの濃度との関係を表す直線をグラフ上に作成するか,直線を表す方程式($y = ax + b$)の傾き(a)と y 切片(b)を求める.この直線を**検量線**という(図 2-5).

次に,試料溶液の吸光度の値をグラフ上の検量線に当てはめるか,検量線の方程式に代入して目的化合物の量を求める.なお,正確な検量線は,標準濃度溶液と盲検用溶液の吸光度の測定結果を統計処理して**回帰直線**を求めることが必要である.

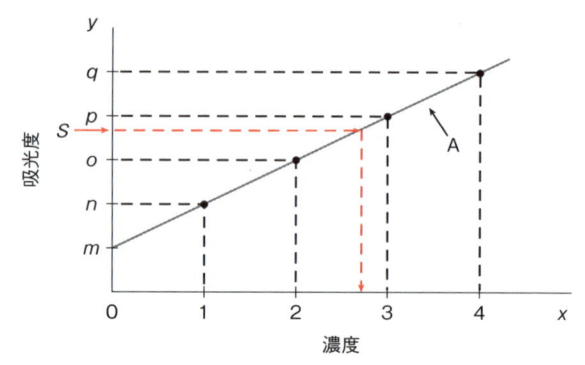

図 2-5　検量線の作成と定量への利用

　標準溶液(濃度0, 1, 2, 3, 4)の吸光度を測定したところ，m, n, o, p, qであったとすると，濃度と吸光度の関係は直線Aとなる．
　試料溶液(濃度未知)の吸光度を測定したところSであったとすると，吸光度Sは濃度約2.8に相当することが，図上から読みとれる．あるいは直線Aの式$y = ax + b$のaとbの値を計算で求めておき，吸光度Sをyに代入すれば濃度xが算出できる．

COLUMN

検量線の引き方，検量線の式の求め方(簡便法)

　グラフの横軸(x軸)に濃度，縦軸(y軸)に吸光度の目盛をつける．各濃度の標準濃度溶液の濃度とその吸光度を示す点をグラフ上につける．各点をなるべく均等に反映する直線をグラフ上に引き，検量線とする．
　検量線より，試料溶液の吸光度からその溶液の濃度をグラフ上で読みとる．濃度を計算して求めるために，作成した検量線の式を求めるには以下のようにする．
　例　検量線上の適当な2点(①と②)の座標をグラフ上から読みとる．
　　　仮に①の点が$x = 10$, $y = 0.15$で，②の点が$x = 50$, $y = 0.55$であったとする．
　　　検量線の式を$y = ax + b$のxとyにそれぞれの点の数値を入れ込む．
　　　①：$0.15 = a \times 10 + b$　　　②：$0.55 = a \times 50 + b$
　　　②の式から①の式を差し引く　$0.40 = 40a$　　$a = 0.40 \div 40 = 0.01$
　　　①の式にaの値を代入しbを求める．$0.15 = 0.01 \times 10 + b$　　$b = 0.05$
　　　したがって，検量線の式は$y = 0.01x + 0.05$となる．
　　　試料溶液の吸光度をyに代入して求めたxの値が，求める濃度となる．

3章

レポート作成に向けて

実験を始める前の準備
実験ノートを使うポイント
実験結果のまとめ：数値の取扱い
レポート（実験報告書）の書き方

3.1　実験を始める前の準備

❶ 実験ノートの準備

　実験を始める前に，まず用意しなければならないのが実験ノートである．ここでは実験ノートの準備について解説する．

　実験ノートには，① 実験計画と実施要領，② 観察・測定の結果，③ 結果の整理（計算や図表）を記述する．実験ノートはA4判（場合によってはB5判）のしっかり製本された丈夫なノートを用いる．このノートは実験に関するすべての情報が記載されるかけがえのない原簿であるので，万一紛失しても戻ってくるように，表紙に表題，所有者の氏名，住所，電話番号，所属（○○大学○○学部○○学科，電話：×××－××××）を明瞭に記載する．「このノートを発見して上記に届けて下さった方には，お礼を差し上げます」と記載しておくのもよい（図3-1）．

　記入用の筆記用具の選び方も大切である．現在さまざまな筆記用具が市販されているが，表紙の記載事項は長期間明瞭でなければならないので，油性マーカーやボー

```
食品学実験ノート

氏名：栄養花子

住所：神奈川県鎌倉市鎌倉１－２－５
電話番号：0466-55-××××
所属：健康大学健康増進学部栄養学科
電話番号：045-222-××××

このノートは私にとって大変大切なものです．このノートを拾った
方は上記へご連絡ください．お礼を差し上げます．よろしくお願い致
します．
```

図3-1　実験ノートの表紙例

ルペン(黒)などの消えにくい筆記用具が適している.実験室での便利さを考えると,HB ないし B の鉛筆やシャープペンシルで記載するのが適している.

❷ 実験の段取りを記載する

　実験を始める前に,実験ノートには実験の段取りを記載する.必要な試薬,器具,装置などの種類や数量を検討して,実験の手順とともに詳しく実験ノートに書く.実験によっては<mark>フローチャート</mark>(図3-2)を用いると便利である.実験データを書き込む表も事前に準備する.この作業をしっかりしておくと実験の内容を深く理解し,イメージを形成できる.また,どのような危険があるかを予想できるから,事故防止の上でも大いに役立てることができる.良い実験成果を得るためには,実験前に実験ノートをよく準備しておくことが大切である.

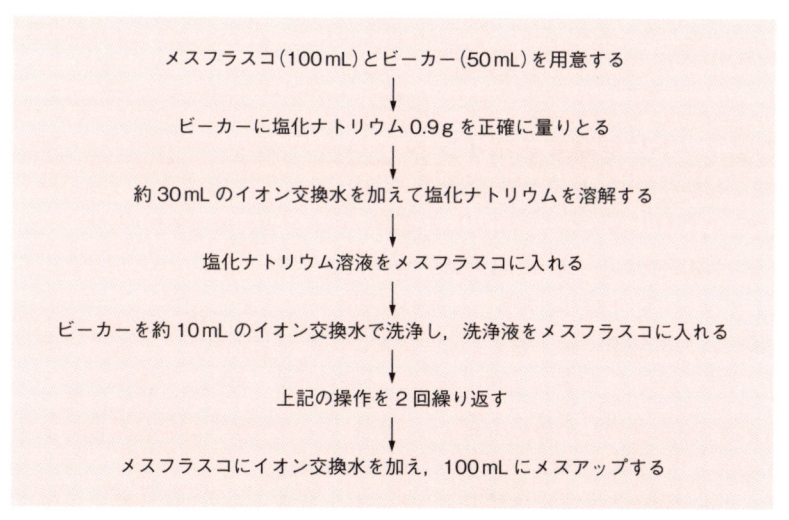

```
メスフラスコ(100 mL)とビーカー(50 mL)を用意する
                    ↓
ビーカーに塩化ナトリウム 0.9 g を正確に量りとる
                    ↓
約 30 mL のイオン交換水を加えて塩化ナトリウムを溶解する
                    ↓
塩化ナトリウム溶液をメスフラスコに入れる
                    ↓
ビーカーを約 10 mL のイオン交換水で洗浄し,洗浄液をメスフラスコに入れる
                    ↓
上記の操作を 2 回繰り返す
                    ↓
メスフラスコにイオン交換水を加え,100 mL にメスアップする
```

図 3-2　フローチャートの例(生理食塩水のつくり方)

3.2　実験ノートを使うポイント

❶ 実験ノートへの記録

　実験中にも実験ノートが重要な役割をもっている．実験ノートは先に述べた実験の手順書であると同時に，実施に当たって準備したこと，実験中に観察したこと，気づいたこと，得られたデータなどの記録書である．記録はできるだけ詳しく正確であることが求められる．少なくとも，他の人が実験ノートを読んで，同じ実験を繰り返すことができるだけの情報が記載されている必要がある．実験中には得られたデータをあらかじめ用意した表などに書き込むだけでなく，気づいたことや観察したことをすべて記録することが重要である．

❷ 実験ノートに記載するポイント

　次に具体的な事項をいくつか示す．
1. 実験した日付だけでなく，実施した時刻，そのときの環境条件(天候，気温，湿度など)を記載する．雨で湿度が高い場合には，試薬が湿っている可能性があり，あとでデータを考察するときに役立つ．
2. 使用器具の名称を正確に記載する．溶液 10 mL をはかりとった場合，ホールピペット，メスシリンダー，駒込ピペットなどの用いた器具を書いておく．ホールピペットを使用した場合の方が，メスシリンダーを使用した場合よりも精度が高い．
3. データを記録するときには読み合わせをして確認する．学生実験では何人かで班ごとに実験を行う．この場合，データを読み取った人が記録する人に数値等を伝える場合がある．記録係は伝えられたデータを記録するだけでなく，復唱して測定者と確認する．
4. ノートの余白を十分確保する．前述したように，実験中にはさまざまな予期せぬ記載が必要である．ノートを開いて，まず左ページを中心に書き，あとで必要となった事項を書き込めるように右ページを空欄にしておくこともよい．
5. 消しゴムは使用しない．いったん書いたことを訂正する場合，元の字が見える

ように線をひいて消す．こうすると，間違った過程を知ることができるし，場合によっては，間違っていないことが判明するケースもある．
6. 試薬については純度を示している等級(特級，1級など)，製造会社，ロットナンバー(試薬につけられた製造番号)を，装置については，名称，形式等を記載する．
7. 装置のプリンター等から得られたデータも，実験ノートを台帳として保存しておく．最近は自記できる装置が主流である．そうするとさまざまな用紙にデータがプリントアウトされてくる．まず，記録されたことがわかるような補足説明(単位等)をプリントアウトされた用紙に記載し，実験ノートにはがれないように糊やセロテープでしっかり貼りつける．よく用紙をノートの間に挟んでいる学生を見かけるが，これは紛失する可能性が高いので避ける．

COLUMN

文献を引用および参考にする場合のルール

　実験レポートに文献を引用および参考にする場合，該当する部分に肩番号をつけて次のように明示するのが一般的である．

1. 学術雑誌の場合

　著者名，論文題名，雑誌名，巻数，頁数(始-終)，西暦年号の順に記載する．

【和文論文例】

中島滋，濱田稔，土屋隆英，奥田拓道：低エネルギー摂取者に観察されたヒスチジン高含有タンパク質摂取による摂食抑制，日本栄養・食糧学会誌，53, 207-214 (2000).

【欧文論文例】

Nakajima S, Hamada M, Tsuchiya T, Okuda H：Inhibitory Effect of Niboshi on Food Intake, Fisheries Science, 66, 795-797 (2000).

2. 単行本の場合

　和文，欧文ともに，著者名，発行年次，(編者)，書名，発行所，発行地，頁数(始-終)の順に記載する．

【例】

加藤秀夫，國重智子，濱田稔，中島滋 (2001)，骨粗鬆症と水産物：水産食品の健康性機能，山澤正勝，関伸夫，奥田拓道，竹内昌昭，福家眞也 編，恒星社厚生閣，東京，pp.42-57.

3.3　実験結果のまとめ：数値の取扱い

　得られた結果をまとめると，内容がよく理解できる．ここでは実験結果のまとめ方と数値の取扱いについて，具体例を示して解説する．得られたデータの数値を扱う上で，① 有効数字の概念，② データの処理と棄却法，③ 数値のばらつきと統計処理の概念を理解することが大切である．

❶ 有効数字の概念

　数値の読み取りやその後の計算は，信頼できる範囲で行う必要がある．最小目盛が 0.1 mL であるビュレットでは最小目盛の 10 分の 1 の 0.01 mL まで読みとるが，この 0.01 mL の値には誤差が含まれている．ビュレットで滴定値を 12.20，12.31 と読みとった場合，計算上の平均値は 12.255 であるが，すでに小数第 2 位に誤差を含み，少数第 3 位は読みとり不可能な数値であるので，平均値は 12.26 とする．

❷ データの処理と棄却法

　測定点が多くあるとき，かけ離れた値の扱いをどうするかを判断する必要がある．その場合に統計的な方法に基づいてかけ離れた値の扱いを行うべきで，主観的で安易なデータの取捨選択をしてはいけない（詳細は統計学の参考書を参照）．

❸ 数値のばらつきと統計処理

　データの信頼性を向上させるためには，同一実験により得た複数のデータを平均して代表値として示すことが多い．この場合，平均値とともに，個々のデータが平均値からどのくらいばらついているかという指標を標準偏差(SD)もしくは標準誤差(SE)として求め，平均値± SD もしくは平均値± SE として表示することが一般的に行われる．さらに，二つの平均値の間で差があるかどうかを統計を用いて判定する（詳細は統計学の参考書を参照）．ここでも，主観的な判断は禁物である．

3.4 レポート（実験報告書）の書き方

　研究は発表（報告）することにより，はじめて完結する．研究の正式な発表は論文の刊行であるが，学生実験の場合も同様であり，レポートを提出してはじめてその課題を履修したことになる．

　化学論文では，① 表題，② 著者氏名と所属，③ 要約，④ 本文〔a：序論，b：実験，c：結果，d：考察（結果と考察は「結果および考察」としてまとめる場合もある），e：謝辞，f：文献〕である．学生実験のレポートの場合，省略できる項目もあるが，基本的には同じである．将来論文を書くことも考慮して，ここではそれぞれの項目について解説する．

❶ 表題

　表題はいわば論文やレポートの看板である．したがって，論文の内容を過不足なく端的に示す必要がある．一般的な表現では内容がわかりにくいため，実験の特徴を表す具体的な用語を入れた表題とする．あまり表題が長すぎると内容を絞りにくくなるので，副題（ランニングタイトル）をつけるのも良い方法である（図3-3）．学生実験のレポートの場合は実験課題名が与えられているので，それを記載すればよい．

❷ 著者氏名と所属

　この項目では読者が著者を把握するだけでなく，著者に直接連絡できる情報を含むことが大切である．著者が複数で所属も異なる場合は，数字や記号を指名の右肩につけ，それぞれの所属を氏名の下に記載する．著者の責任者（corresponding author）については，連絡先（住所，電話番号，電子メールアドレスなど）を別途記載する（図3-3参照）．

❸ 要約

　要約（要旨）にはその論文（レポート）の目的，方法，結果，考察を簡潔に述べる．

タイトル「ヒスチジンの摂食抑制作用はプロリンにより阻害されるか」

ランニングタイトル：プロリンによるヒスチジン作用の阻害

著者名および所属：中島滋*，浅見悦子*，田中香*，笠岡誠一*，土屋隆英**

*文教大学女子短期大学部健康栄養学科
**上智大学理工学部化学科

代表者連絡先：中島滋
　　　　　　〒253-8550　神奈川県茅ヶ崎市行谷1100
　　　　　　文教大学女子短期大学部健康栄養学科
　　　　　　TEL：0467-53-2111（内線256）
　　　　　　FAX：0467-54-3803

図3-3　レポートおよび論文の表紙例

要約は本文を読まずに論文の概要を理解できるように書く．原則として図表は用いず改行もしない．一定の字数制限がある場合が多く，表題と要約で論文（レポート）の概要を理解できるように書くことが大切である．

❹ 本文

序論　研究の背景となった事柄を説明し，何を目的としてその研究を行ったかを述べる．たとえば，環境汚染の実態を説明し，その防止のために環境汚染物質の除去方法を検討することが目的であるといったことを説明する．学生実験のレポートでは，目的とその目的が達成されたか否かを述べるだけでよい．

実験　その研究で用いた試料，試薬，装置，機械，器具，方法（手順や条件を含む）などを記載する．どの程度詳しく書くかは論文（レポート）により異なるが，その実験を追試するのに必要な情報が含まれていなければならない．実験はすでに行ったことであるので，文章は過去形で書く．学生実験のレポートでは，できるだけ詳しく書く練習からはじめるべきであり，試薬のロットナンバーやガラス器具の種類（ホールピペット，メスシリンダーなど）も記載する．

結果　得られた測定結果や観察結果を明確にかつ客観的に記載する．すでに得られた結果であるので，実験と同様に文章は過去形で書く．データ処理（2群間の有意

差検定など)を行っている場合は,データ処理前の値(各群の平均値±標準偏差値)と処理後の結果(有意差の有無)を併記する.図表を用いることも効果的である.図表を用いた場合は,それらを示すだけでなく,それらから読みとった結果を文章で記載することが大切である.図表には必ず表題をつけ,表の場合は表の上に,図の場合は図の下に記載するのが原則である.前述のそれぞれの例を参照のこと(表3-1,図3-4).また,単位のある数値には必ず単位をつけることが必要である.

考察 論文(レポート)にとって最も重要な部分である.学生実験のレポートの場合,この項目の良し悪しが評価に大きく影響するといっても過言ではない.考察は,得られた結果から,著者が主張したいことを論理的に述べる部分である.目的として

表 3-1　論文(レポート)の表例

表1　アミノ酸摂取量別に見たエネルギー摂取量とたんぱく質摂取量当たりのヒスチジン摂取量との相関係数

アミノ酸	たんぱく質摂取量当たりのアミノ酸摂取量		
	低いグループ $n=50$	中等度グループ $n=57$	高いグループ $n=50$
プロリン	-0.3072^*	-0.1789	-0.0693
イソロイシン	-0.0100	0.1378	-0.4483^{**}
ロイシン	-0.0510	0.2454	-0.4569^{**}
リジン	-0.0100	-0.0412	-0.3288^*
メチオニン	-0.0387	-0.0387	-0.3105^*
システイン	-0.0529	-0.2128	-0.3339^*
フェニルアラニン	-0.0400	-0.0735	-0.3830^{**}
チロシン	-0.0245	-0.0548	-0.3574^*
スレオニン	0.1204	0.0014	-0.3610^*
トリプトファン	0.0917	-0.0014	-0.4243^{**}
バリン	0.0028	0.0632	-0.3807^{**}
アルギニン	-0.0265	-0.1965	-0.3545^*
アラニン	0.0001	-0.0883	-0.3106^*
アスパラギン酸	0.1068	-0.0173	-0.3484^*
グルタミン酸	-0.0224	-0.3263^*	-0.1404
グリシン	-0.0480	-0.1034	-0.3108^*
セリン	0.0458	-0.2302	-0.3500^*

$*: p<0.05,\ **: p<0.01$

図1 エネルギー摂取量とたんぱく質摂取量当たりのヒスチジン摂取量との相関（全対象者）

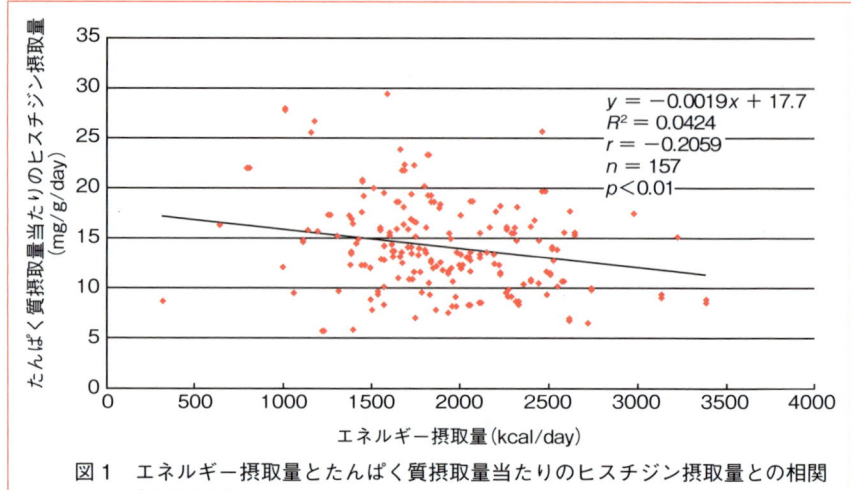

$y = -0.0019x + 17.7$
$R^2 = 0.0424$
$r = -0.2059$
$n = 157$
$p < 0.01$

図中のポイントは，各対象者のエネルギー摂取量とたんぱく質摂取量当たりのヒスチジン摂取量を示している．
r：相関係数，n：対象者数．

図3-4　論文（レポート）の図（例）

いたことに対して何がわかったのか（目的の達成状況）を説明する．また，予想していなかった結果についてはその原因について検討する．結果の妥当性や信頼性を示すために，他のデータ（文献）との比較検討も必要である．著者の推測についても，そのことを明記して記載することができる．考察はいろいろな論理展開ができ，論文の根幹となる部分であるが，読み手にわかりやすい表現でなければならない．学生実験のレポートの場合，読者は指導者（教員）であるが，友人や1学年下の学生が読んでもわかるように心がけることが大切である．

4章

実験セーフティガイド

実験を安全に行うために
事故への対応
危険・有害物質の分類
ドラフトとボンベ
廃棄物の処理

4.1 実験を安全に行うために

　実験はなによりも安全に行わねばならない．ここでは，事故を予防し安全な実験を行うために必要な事項をあげる．

❶ 実験者の安全の確保

1. 安全を確保できる服装をする

　身なりを整える目的は，身を守ることと，自らが事故の原因となる行為をしないことにある．

実験者の整った身なり

・白衣を着る．

・底が滑らない，動きやすい靴を履く．サンダル，スリッパ，ハイヒールはよくない．

・長い髪を束ねる．

・保護メガネを着用する．

・手に薬品がつく可能性があるときは，使い捨ての保護手袋を着用する．

・有害なガスや粉塵が発生する場合は保護用マスクを着用する．

---

2. 実験室では飲食をしてはならない
3. 実験台の上や足元に荷物を置かない

　実験に使えるスペースを確保することで安全性が増す．足元の荷物につまずく事故は大けがと火事につながる．

4. 立って実験する

　立って実験すると，危険から速やかに逃れることができ，また正しい実験姿勢も取りやすい．しかし，滴定操作や記録整理のような場合は着席して行う．

5. 予備知識をもって実験に望む

危険性を知らないのは無防備で危険に立ち向かうのと同じである．次のことを調べておくとよい．
・試薬の性質（とくに危険性についての知識）．
・実験原理や化学反応．参考書としては，実験指導書，器具や機器の取扱説明書，ハンドブック，便覧，MSDS（化学物質等安全データシート，p.60 参照）などが役に立つ．

6. 器具や機器を点検する

不良状態の器具や機器を使うことはけがや事故につながる．ガラス器具には細かい傷がないか，機器に異常がないか調べる．また機器の初期状態を使用前によく観察しておく．実験終了後は元に戻す．

❷ 環境に対する安全の確保

実験者は実験室外の人々と環境の安全を確保する責任を担う．これはよい実験データを得るより大切なことである．危険物質と有害物質の扱い（4.3 節参照），廃棄物の処理（4.5 節参照）には万全の配慮が必要とされる．白衣のまま学外へ出てはいけない．また実験が終わったら，手を洗う．これは有害物質等を環境に持ち出さない配慮でもある．

COLUMN

試薬の保管

危険物と毒物は，扉などに表示した危険物保管庫，または毒物保管庫に保管する．保管温度が指定されている試薬もある〔室温保存，低温保存（0〜10℃），冷凍保存（−20℃以下），冷凍保存（−80℃）〕．また，開封後の試薬を保管する際に，遮光するもの，密封するもの，窒素封入するものなどがある．

アンプル試薬を開封するときには，やすりで傷をつけたときにできるガラスの粉を取り除いたのちに，アンプルを折って開封するように注意する．

4.2 事故への対応

事故が発生した場合の対応策を示す．最小限の被害にとどめるように，あらかじめ予備知識をもつことが必要である．

❶ 応急処置

1. 火災
火災への直接対応は，次ページ参照．
着衣に火がついた場合 水をかける．着衣を脱ぐ．床に転がる．濡れ雑巾でたたく．緊急シャワーを浴びる．
水をかけてはいけない薬品 酸化カルシウム(生石灰)，アルカリ金属(リチウム，ナトリウム，カリウムなど)．

2. 火傷，凍傷
(1) 火傷

火傷したときは，水道水($10 \sim 15$℃)を流しながら 15 分以上冷やす．また，病院に行くほどの火傷は，薬を塗らずに医師に診せる．なお火傷の範囲が広い場合は，水で熱さを除いたのちに布で火傷を覆い，すぐに病院に行く．

(2) 凍傷

40℃以下の湯に $20 \sim 30$ 分間浸す．患部が紫紅色，黒色，白色になったら，医師に診せる．予防として，冷却機器を濡れた手で扱ってはいけない．もし機器に皮膚がくっついた場合は，無理に引っ張らずに水をかけて溶かしてはがす．

3. ガラス破片による切り傷

手当てする人は患部の血液に触れないように，ゴム手袋をするなど，気をつける．ゴム手袋に穴があいていないことを確認して使う(中に息を吹き込むと確認できる)．

まずガラスの破片を取り除き，水道水で洗ったのち，消毒する．出血が激しい場合は，傷をガーゼなどで圧迫して止血し，病院へ行く．顔面蒼白や意識がぼんやりしている場合は，頭を低くし，足を高くして寝かす．

4. 薬品が目に入った場合

流水で最低15分間は洗い続ける．アルカリ性の薬品の場合は30分間洗ったあと，眼科医を受診する．

5. 薬品が皮膚についた場合

流水で15分以上洗う．フェノールの場合は，アルコールで拭き取ってから水で洗う．酸やアルカリの場合は，まず，水で洗う．中和すると熱が発生し，より大きな傷となるので中和はしない．

6. 薬品を飲み込んだ場合

すぐに吐き出し，水道水でうがいをする．飲み込んでしまったら，多量の水を飲ませて吐かせる．咽頭に指やスプーンを入れて吐かせるようにする．

吐かせてはいけない場合は，強酸，強アルカリ，殺虫剤，漂白剤を飲み込んだ場合と，意識がもうろうとしている場合である．また，脂溶性物質を飲んだ場合には牛乳を飲ませてはいけない．

7. 薬品を吸い込んだ場合

まず，新鮮な空気の場所に移動する．呼吸困難の場合は，上半身を30〜40°起こした姿勢で座らせる．意識がない場合は，横向きに寝かす．呼吸停止の場合は，人工呼吸する．

❷ 緊急時の安全対策

1. 火災，地震

火災の場合は，まず第一に大声で周りの人に知らせる．そして落ち着いて行動することが大切である．火災，地震ともに，ガスの元栓を閉め，電源のスイッチを切る．引火性の溶媒など，可燃物を火気から遠ざける．また，消火が困難と思ったら，すぐに避難する．日ごろから避難路を確認しておく．装置の非常停止スイッチ，緊急避難用具や消火器の設置場所と扱い方を把握しておく．定期的に防災訓練ができれば望ましい．

2. 消火器の使い方

(1) 安全ピンを抜く．
(2) ホースを火元に向けて近づく．
(3) レバーを強く握る．

4.3 危険・有害物質の分類

　実験室内にある危険物質や有害物質を示す．危険性や有害性を理解した上で慎重に取り扱うことが必要である．実験に使う化学物質の危険有害性を事前に調べておく．MSDS（Material Safety Data Sheet）という化学物質の危険有害性情報をまとめた資料が便利である（p.60 参照）．

❶ 有毒物質（表 4-1，図 4-1）

表 4-1　毒物と劇物

毒物	経口致死量が 30（mg/kg 体重）以下の物質．	シアン化合物，黄リン，ヒ素，亜ヒ酸，水銀，フッ化水素，セレンなど
劇物	経口致死量が 30～300（mg/kg 体重）の物質．	メタノール，クロロホルム，塩素酸塩，アニリン，クロム酸，ホルマリン，フェノール，過酸化水素，鉛化合物，強酸，強塩基など

毒　劇

毒性，有害性，刺激性　　　極引火性，引火性，可燃性，自然発火性

腐食性　　　禁水性，酸化性，自己反応性

図 4-1　毒物，劇物のマークと警告マーク

❷ 発火性物質（表4-2）

表4-2　禁水性物質

禁水性物質	水と接触すると発火したり，可燃性ガスを発生する．自然発火するものもある．消火方法は砂をかけて火を覆うようにし，水をかけてはいけない．水系の消火器の使用も厳禁である	金属カリウム，金属ナトリウム，金属炭化物（カーバイド），三塩化リン，炭化カルシウムなど
自然発火性物質	空気にさらすと，発火する．水中に保存する	黄リン
自己反応性物質	衝撃や光などによって発熱して爆発的に反応する．火気から離れた冷暗所に保存し，衝撃を避ける．消火方法は大量の水をかける	硝酸エステル（ニトログリセリン，ニトロセルロース），ニトロ化合物（ピクリン酸，トリニトロトルエン），金属アジ化合物（アジ化ナトリウム）

❸ 引火性液体

　室温（消防法では21℃）で引火する可燃性液体で（表4-3），とくに注意が必要である．消化方法は消火器を用いるか，大量の水をかける．水が少量だと引火した液体がより広がり危険である．引火性液体を含む試料を冷蔵保存する場合は防爆冷蔵庫に入れる．爆発事故を起こすので，普通の冷蔵庫に入れてはならない．

表4-3　引火性液体

特殊引火物	引火点が－20℃以下で，沸点が40℃以下のもの	ジエチルエーテル
アルコール類	炭素数が3個までの飽和1価アルコール．引火点は11～23℃	メタノール，エタノール，プロパノール
第1石油類	引火点が21℃未満のもの．室温で引火する	ヘキサン，トルエン，ピリジン，アセトン，ベンゼン

❹ 可燃性物質

室温以上で引火または着火するもの(表 4-4).夏季には室温が 30℃以上になることもあるので,一部の可燃性物質は引火性物質として取り扱う必要がある.主な**可燃性ガス**として天然ガス,水素,メタン,LPG(液化石油ガス),アセチレンがある.都市ガスや水素は軽いので,部屋の上の方に溜まる.LPG は重いので床や溝に溜まりやすく,いつまでも残っていることがある.表 4-4 の可燃性液体のほかに,**可燃性固体**として赤リンや硫黄などがある.

表 4-4 可燃性物質(液体)

第 2 石油類	引火点が 21 ~ 70℃で,加温時に引火する	キシレン,酢酸,ギ酸
第 3 石油類	20℃で液体.引火点が 70 ~ 200℃のもの 加熱時に蒸気に引火する	アニリン,ニトロベンゼン,グリセリン,エチレングリコール
第 4 石油類	20℃で液体.引火点が 200℃以上のもの	潤滑油
動植物油類	20℃で液体.引火点が 250℃以下のもの	ナタネ,ゴマ,大豆,オリーブ,イワシ

❺ その他の有害物質(表 4-5)

表 4-5 その他の有害物質

爆発性物質	可燃性ガス.10% 以下の濃度で爆発するものが多い.滞留すると引火,爆発する.通気のよい場所で扱う	水素,メタン,アセチレン,アセトアルデヒド,アンモニアなど
分解爆発性物質	熱や衝撃,酸やアルカリ,金属などによって爆発する	硝酸アンモニウム,ニトログリセリン,有機過酸化物,ピクリン酸など
酸化性物質	加熱,衝撃,可燃性有機物との混合を避ける.分解して酸素を発生して発熱する	ハロゲン,金属過酸化物,過酸化水素,過マンガン酸塩,二クロム酸塩,硝酸塩
強酸性物質	酸化性物質と混合すると発火・爆発する	ギ酸,硝酸,フッ化水素,硫酸
腐食性物質	皮膚や粘膜に触れると損傷を与える	アンモニア水,過マンガン酸カリウム,強酸類,クレゾール,サリチル酸,硝酸銀

❻ 混ぜると危険な組合せ

濃硫酸に水を混ぜると激しく発熱する．急に沸騰して熱い硫酸がはねて飛び散ることがある．2種類の物質を混ぜた場合に爆発したり（表4-6），有毒ガスを発生することがあるので注意する（表4-7）．

表4-6 混合により爆発の危険性がある組合せ

	左の物質と混ぜると危険な物質
酢酸	硝酸，過マンガン酸塩，過酸化物
アセトン	硝酸と硫酸を一緒にして
炭化水素	ハロゲン，クロム酸
無水酢酸	エチレングリコール，過塩素酸
硝酸	アルコール，ケトン
アンモニア	ハロゲン，銀

表4-7 混合により有毒ガスが発生する組合せ

化合物	発生ガス	化合物	発生ガス
酸と亜硝酸	亜硝酸ガス	酸と硫化物	硫化水素
酸と次亜塩素酸	塩素または次亜塩素酸	硝酸と金属（銅など）	亜硝酸ガス
酸とシアン化物	シアン化水素	硫酸と硝酸塩	亜硝酸ガス

❼ 試薬の等級

実験の種類に合った等級の試薬を用いる（表4-8）．規格が示す不純物の種類や含量を参考にして必要以上に高い純度の試薬の使用を避け，かつ十分な純度の試薬を選択する．

表4-8 主な試薬の種類と規格表示

試薬の種類	JIS規格	メーカー規格
一般試薬	特級 1級	○社特級　GR（guaranteed reagent） ○社1級　EP（extra pure） 化学用　CP（chemical pure）
特別用途試薬		機器分析用試薬など
生化学用試薬		アミノ酸自動分析用試薬　遺伝子工学用試薬 免疫研究用試薬

4.4 ドラフトとボンベ

❶ ドラフト(ドラフトチャンバー)
有害物質の蒸気,粉塵発生の危険性がある操作はドラフト内で行う.ドラフトの扉は通常は閉めておく.有害物質は扉から 15 cm 以上奥に置く.

❷ ボンベ(高圧ガス容器)
1. ガスの種類とボンベの色(表 4-9)

表 4-9 ガスの種類とボンベの色

ガスの種類			ボンベの色	性質
酸素	圧	O_2	黒	
水素	圧	H_2	赤	爆発性
アセチレン	液	C_2H_2	茶褐	爆発性
二酸化炭素	液	CO_2	緑	
アンモニア	液	NH_3	白	毒性
塩素	液	Cl_2	黄	毒性
その他(ヘリウム,窒素など)		He N_2	灰	

2. 開閉と交換時期

バルブの開閉順と回す方向 ハンドルを右に回すと閉まり,左に回すと開く.口金のねじは,水素ボンベでは左ねじである.ハンドルが赤色の場合は左ねじである.灰色のボンベは右ねじである.

交換時期 ガスの残量が 0.5 MPa 以下になったら,新しいボンベに交換する.完全に使い切ってはいけない.ガスをすべて消費してしまうと,再充填の際に空気がボンベ内に入るおそれがあるためである.

3. 保管方法

−15〜40℃で保管する.強い衝撃を与えると,爆発することがある.アセチレンと液化ガスは横置き厳禁である.専用のスタンドを用いて,必ず直立させて保管する.

4.5 廃棄物の処理

　実験で使用したものはすべて安全に処理しなくてはいけない．この責任は実験を行う人，および，実験を行う施設にある．また試薬ラベル表示も確認する（図4-2）．廃棄薬品等の処理は実験施設で定められている規則に従って処理する（図4-3）．

❶ 排水基準

　有害試薬の廃棄では，二次洗浄液まで貯留する．排水のpHは5.8～8.6の範囲とする．1％以下の低い濃度の酸とアルカリの廃液は，pH5～9の範囲内に中和したのちに流し台に排出する．有機溶媒の濃度は100ppm以下とする．

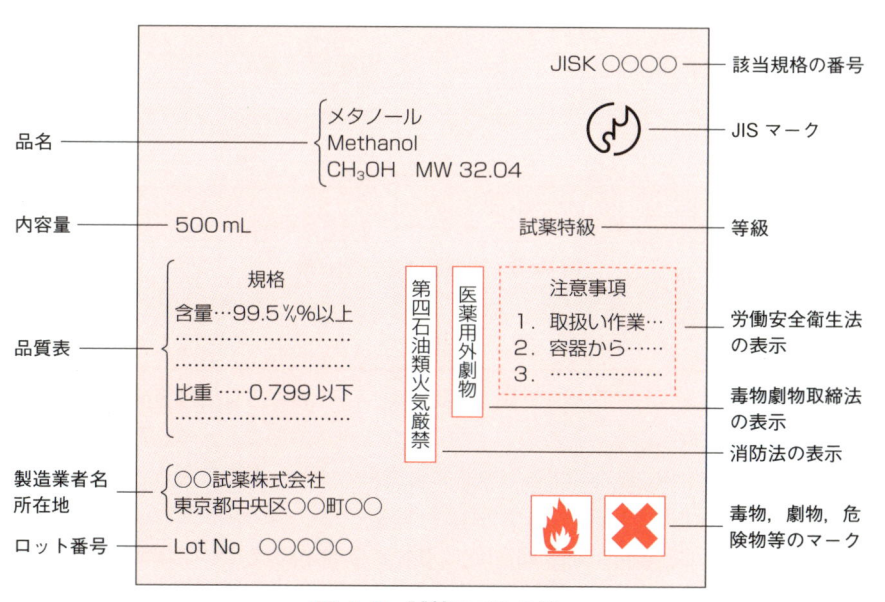

品名	メタノール　Methanol　CH_3OH　MW 32.04
内容量	500 mL
品質表	規格　含量…99.5％以上　比重……0.799以下
製造業者名所在地	○○試薬株式会社　東京都中央区○○町○○
ロット番号	Lot No ○○○○○
該当規格の番号	JISK ○○○○
JISマーク	（図）
等級	試薬特級
労働安全衛生法の表示	注意事項　1. 取扱い作業…　2. 容器から……　3. ……
毒物劇物取締法の表示	医薬用外劇物
消防法の表示	第四石油類火気厳禁
毒物，劇物，危険物等のマーク	（炎マーク）（×マーク）

図 4-2　試薬ラベルの例

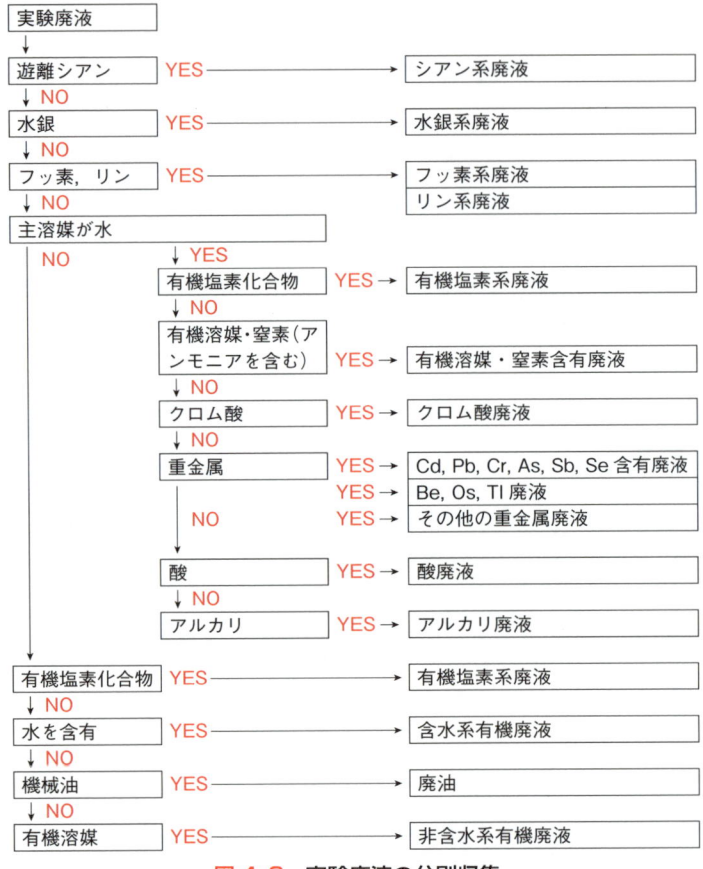

```
実験廃液
  ↓
遊離シアン ──YES──→ シアン系廃液
  ↓NO
水銀 ──YES──→ 水銀系廃液
  ↓NO
フッ素, リン ──YES──→ フッ素系廃液
  ↓NO              リン系廃液
主溶媒が水
  │    ↓YES
  │   有機塩素化合物 ──YES→ 有機塩素系廃液
  │     ↓NO
  │   有機溶媒・窒素(アンモニアを含む) ──YES→ 有機溶媒・窒素含有廃液
  │     ↓NO
  │   クロム酸 ──YES→ クロム酸廃液
  │     ↓NO
  │   重金属 ──YES→ Cd, Pb, Cr, As, Sb, Se 含有廃液
  │           ──YES→ Be, Os, Tl 廃液
  │     ↓NO  ──YES→ その他の重金属廃液
  │   酸 ──YES→ 酸廃液
  │     ↓NO
  │   アルカリ ──YES→ アルカリ廃液
  ↓NO
有機塩素化合物 ──YES──→ 有機塩素系廃液
  ↓NO
水を含有 ──YES──→ 含水系有機廃液
  ↓NO
機械油 ──YES──→ 廃油
  ↓NO
有機溶媒 ──YES──→ 非含水系有機廃液
```

図 4-3　実験廃液の分別収集

❷ 廃棄区分

　廃棄物は，廃棄区分に従って分別して貯留し，専門の業者に処理を委託する．

水銀系廃液：無機水銀塩を含むもの．金属水銀と有機水銀はそれぞれ別にする．

シアン系廃液：pH 12 以上のアルカリ性にして貯留する．酸性になると，有毒なシアンガスが発生する．有機シアンは別にする．

重金属系廃液：Cd, Pb, Cr, As, Se は有害重金属系廃液として貯留し，その他の重金属と区別する．

六価クロム系廃液：pH 3 以下の酸性にして貯留する．

ハロゲン系廃液：ハロゲンを含むもの．
酸廃液：1％以上の高濃度の酸廃液は貯留する．
アルカリ廃液：1％以上の高濃度のアルカリ廃液は貯留する．
有機塩素系廃液：有機塩素系有機溶媒．
アルコール系廃液：水や有機酸を含む有機溶媒もこの区分に含まれる．
窒素含有廃液：窒素を含む有機溶媒．
リン含有廃液：リンを含む有機溶媒．
硫黄含有廃液：硫黄を含む有機溶媒．
一般有機溶媒廃液：上記以外の有機溶媒．

❸ 器具の廃棄

試薬ビンは，中を洗浄し，乾燥させてから廃棄する．

❹ 廃棄物の有効利用

廃酸と廃アルカリは中和剤として再利用する．有機溶媒は回収して再利用する．

❺ 混ぜてはいけない試薬の組合せ

有機物と酸化剤：$KMnO_4$，過酸化物，過酸化水素，クロム酸など．
酸とシアン化物，硫化物，次亜塩素酸塩．
不揮発性酸（濃硫酸など）と揮発性酸（塩酸，フッ化水素酸）．
アルカリとアンモニウム塩，揮発性アミン．

COLUMN

家庭用漂白剤の混合で健康障害

家庭で使われている漂白剤には，酸素系漂白剤と塩素系漂白剤の2種類がある．これらを混ぜて使うと塩素が発生して気分が悪くなったり，健康を害する．2種類の漂白剤を一緒に使わないように気をつけよう．

> **COLUMN**
>
> ## MSDS（化学物質等安全データシート）の内容
>
> 　試薬メーカーは，各製品のMSDSをJIS規格に則り作製して，インターネットホームページ等によりユーザーに提供している．
>
> 1. 化学物質等及び会社情報
> 2. 危険有害性の要約
> 3. 組成及び成分情報
> 4. 応急措置
> 5. 火災時の措置
> 6. 漏出時の措置
> 7. 取扱い及び保管上の注意
> 8. 暴露防止及び保護措置
> 9. 物理的及び化学的性質
> 10. 安定性及び反応性
> 11. 有害性情報
> 12. 環境影響情報
> 13. 廃棄上の注意
> 14. 輸送上の注意
> 15. 適用法令
> 16. その他の情報
>
> （日本工業規格　JIS Z7250より）

5章

実験器具の取扱い

容量器具
その他のガラス器具
すり合わせ器具
プラスチック製器具

5.1 容量器具

5章では，一般的な実験器具の取扱いの要点を述べる（主な実験器具については，p.74，図5-10参照）．正確な実験結果を得るためには正しい器具の操作が必須である．

液体の体積を精密に測定する場合に用いる器具は，**メスフラスコ**，**ホールピペット**，**ビュレット**である．**メスシリンダー**は比較的大まかな測定に用いる．これらの容量器具には，**受用**（In：Internal，TC：to contain または E：Einguss）と**出用**（Ex：External，TD：to deliver または A：Ausguss）がある．受用は標線まで入れたときの表示体積となり，**メスフラスコ**はこれに当たる．出用は標線まで入れた液体を出したときの表示体積となり，ピペットがこれに当たる．両者のちがいは，容器から液体を出したときに容器に付着し残る液体の分を補正してあるためである．

容量器具を加熱すると目盛が不正確になる．乾熱器やオートクレーブに入れてはならないし，加熱して溶解した試薬溶液も，冷めてから器具に入れる．

❶ メスフラスコ

一定濃度の溶液をつくるために用いる．受用であるため，一定量の液体をはかりとることはできない．メスフラスコ内の溶液を攪拌する場合，標線に合わせる前は，メスフラスコを逆さにして攪拌してはいけない．標線に合わせたあとは，溶液の濃度を均一にするために逆さにして十分に攪拌する．逆さにしたあとは，メニスカスは標線より低くなる．

標線の合わせ方（図5-1）

平らなところにメスフラスコを置いて，メニスカスと標線を合わせる．もち上げて合わせてはいけない．

❷ 機械式ピペット

比較的少量の物質を一定容積吸い取って計量する器具である．器具を過信してはいけない．自分で精度のチェックをした上で使用するのが望ましい．取扱いが悪いと精度に狂いが生じる．

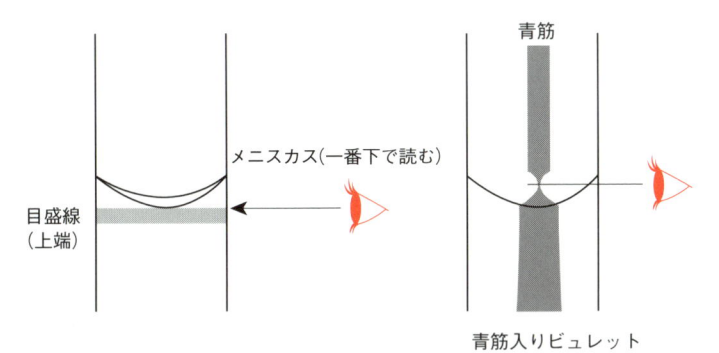

図中ラベル: 青筋／メニスカス(一番下で読む)／目盛線(上端)／青筋入りビュレット

注)ホールピペットでは目盛線の中心でもよい．

図 5-1　メニスカスと目の位置

10 mL のホールピペットでは，上端と中心では 1 μL ちがう（公差は 40 μL）．
メニスカス（meniscus）は新月の意．

(1) 使用上の注意

　プラスチック製チップをしっかりつける．ピペットの向きは，チップの先端が下向きになるようにする．ピペットスタンドに置くときも同じである．操作時には，ほぼ垂直の下向きに保つ．斜めにすると，こぼれやすくなる．塩酸やトリフルオロ酢酸などの揮発性の強酸には使わない．使用した場合は，すぐに分解洗浄する．このほか，揮発性溶媒（クロロホルムなど）では，精度が低下する．

(2) 使い方（図 5-2）

　機種によって使い方が異なるものがあるので，それぞれの取扱い説明書の指示に従う．

1. ピストンを 1 段目まで押し下げる．
2. チップの先端を少しだけ採取溶液に入れる（表 5-1）．高粘度溶液（糖，グリセリン，界面活性剤，たんぱく質の各高濃度溶液）は正確には量れない．
3. ピストンをゆっくり上げて，溶液を静かに吸い上げる．
4. 少し待ったのちに，溶液から引き上げる（表 5-1）．
5. チップの先端に空気のないことを確かめる．
6. ピペットを採取容器に移したのちに，ピストンを 1 段目まで押し下げ，溶液を排出する．
7. 少し待ったのちに，ピストンを 2 段目まで押し下げる．チップ先端にたまった溶液が排出される．この待ち時間も表 5-1 と同様である．

基本位置
停止1段目
停止2段目

採取準備　採取　排出　残液の排出　完了

図 5-2
機械式ピペットの使い方

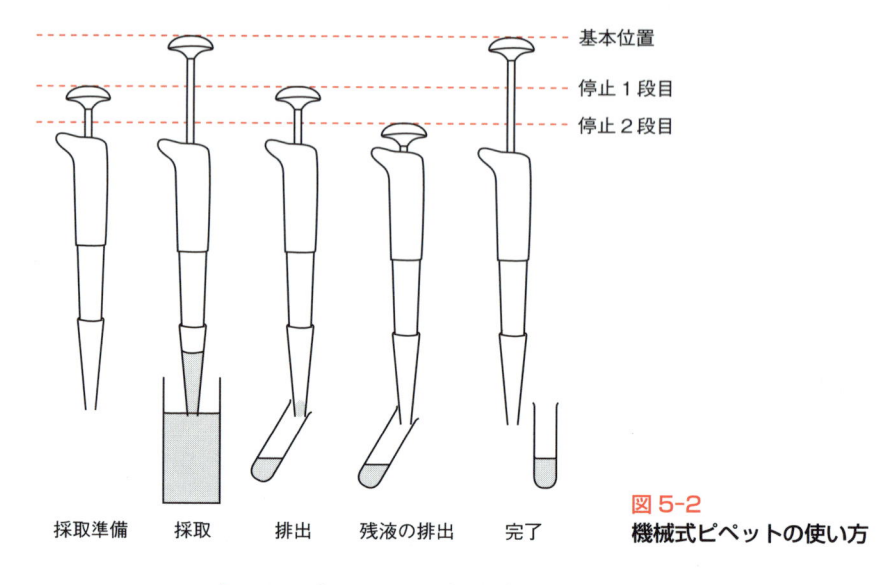

表 5-1　ピペットチップの浸漬の深さと待ち時間

ピペット容量	浸漬深さ(mm)	待ち時間(分)
10 μL 以下	1	1
20〜200 μL	2〜4	1
1 mL	2〜4	2〜3
5 mL	3〜6	4〜5
10 mL	5〜7	4〜5

❸ ホールピペット

1. 安全ピペッターを用い，口で吸い上げない．
2. ピペットが濡れている場合は採取溶液で共洗いする(図5-3)．
3. ピペットの先端を溶液に十分に入れてから標線の上まで採取溶液を吸い上げ，溶液のメニスカスと標線が合うよう溶液を少しずつ排出する．
4. ピペットの外側についた液は容器の壁面につけて取り除く．
5. ピペットを採取容器に移し，溶液を自然落下させ，少し待ったのち，ピペット先端に残った液を排出させる．一般には，吸い口を指でふさぎ，ホール部を握り，ホールピペットの内部の空気を温めて膨張させることにより最後の一滴まで排出する(図5-4)．

5.1 容量器具

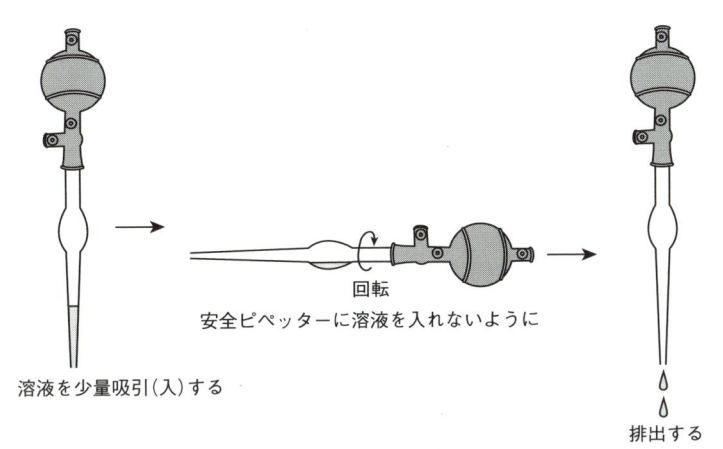

図 5-3 共洗いの方法

溶液を少量吸引(入)する
回転
安全ピペッターに溶液を入れないように
排出する

上の操作を2，3回繰り返す．

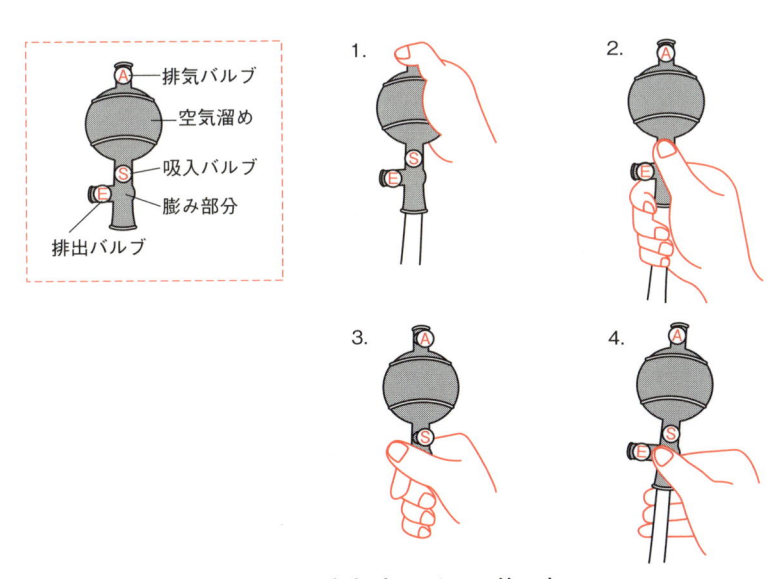

排気バルブ
空気溜め
吸入バルブ
膨み部分
排出バルブ

1.　2.　3.　4.

図 5-4 安全ピペッターの使い方

バルブⒶⓈⒺは強くつまむと開く．放すと閉じる．
1. Ⓐを押さえて空気溜めをにぎって空気を抜く．2. Ⓢを押さえて溶液を吸い上げる．
3. Ⓔを押さえて溶液を排出する．4. 膨み部分をつまんでピペット先端の残液を出す．

なお，安全ピペッターの内部に溶液を吸い込んだ場合はすぐに洗浄する．蒸留水を吸い込んで捨てることを10回以上行い，バルブ部分をクリップでつまんで開放状態にして，通気して乾燥する．

❹ メスピペット

メスピペットの使用法はホールピペットと同様である．メスピペットは目盛を利用することにより，任意の容量をはかりとることができる．

メスピペットには，中間目盛と先端目盛の2種類がある．

中間目盛メスピペットは上端のメモリから下端の目盛までが全量であり，先端目盛メスピペットは上端の目盛から全部出すと全量である．ホールピペットより公差が大きい．

❺ マイクロシリンジ

公差の規定はない．マイクロシリンジの使い方は次の通りである．

プランジャーは，引き上げるときはゆっくり，押し込むときは一気に行う．シリンジ内に空気が入っているときは，針を溶液につけたままプランジャーを数回上下する．針内の空気を抜くときは，針先を上に向けて溶液を出す．使用後は，溶媒または水の吸引と排出を数回繰り返して洗浄する．

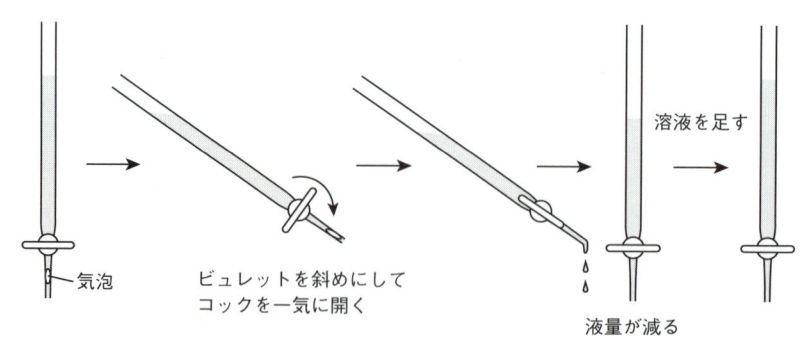

図5-5　ビュレットの気泡の抜き方

コックを一気に開いて，勢いよく溶液を出す．
ビュレットを斜めにすると，気泡がより出やすくなる．

❻ ビュレット

ビュレットの使い方は次の通りである．

1. ガラスコックにはワセリンを薄く塗る．ガラスコックはビュレット本体とひもでつないでペアにする．組合せが異なると，液漏れが生じる．
2. ビュレット先端付近の空気を抜くときは，ビュレットを斜めにし，コックを一気に開けて溶液を勢いよく出す（図5-5）．空気を抜かずに滴定すると，滴定中に空気が出て，その分だけ滴定値が大きくなる．
3. ビュレットを垂直に設置して使用する．
4. 滴定値の読みは，メニスカスの位置を最小目盛の1/10まで読み取る．

❼ 容量器具の公差

容量器具の目盛にはわずかな誤差がある．JIS規格で許される範囲の，このわずかな誤差を公差という．公差は容量器具の種類と容量の大きさによっても異なる（表5-2）．

表5-2 主な容量器具の公差

容量器具の種類	容量器具の公差(mL)						
メスフラスコ	容量 公差	～10 0.04	～25 0.06	～50 0.10	～250 0.15	～500 0.30	～1000 0.60
ホールピペット	容量 公差	～0.5 0.005	～2 0.01	～10 0.02	～25 0.03	～50 0.05	～100 0.1
ビュレット	容量 公差	～2 0.01	～10 0.02	～25 0.04	～50 0.05	～100 0.1	～200 0.2
メスシリンダー	容量 公差	～10 0.2	～20 0.2	～50 0.5	～100 0.5	～500 2.5	～1000 5

＊全容量の1/2以上における公差．JIS R 3505より．

COLUMN
目盛の信頼性

JIS規格の検定に合格した正確な目盛の器具には「正」のマークがある．駒込ピペットやビーカーの目盛には，「mL」の文字もない．

5.2　その他のガラス器具

❶ ビーカー，フラスコ

　ビーカーとフラスコに印されている目盛はいずれも目安程度に用いるべきで，正確な目盛ではない．コニカルビーカーは試料が飛び散りにくい．ナス型フラスコは試料をかき出しやすい形であり，ナシ型フラスコは試料溶液が集まりやすい形である．

❷ 試験管

　溶液を十分に混合したり加熱時の安全のために，液体の量は試験管容量の 1/4 以下にする．ガスバーナーで試験管を熱する場合は，試験管を斜めに傾けて，常に左右に振って液体を攪拌しながら弱火で行う．炎を当てる位置は液体の半分より上にする．

❸ ろうと

　三角ろうとは，口のせまい容器に液体を入れるときに用いる．また，三角ろうとは自然ろ過に，ブフナーろうとは吸引ろ過に，目皿つきろうとは沈殿の量が少ないときに，それぞれ使用する．

❹ デシケーター

　デシケーターは，試料の乾燥や吸湿を防ぐために用いる．そのため，本体とふたの密着性が良いことと，シリカゲルなどの乾燥剤の吸湿能力が維持されていることが重要である．

　常圧デシケーターと真空デシケーターがある．いずれもすり合わせ部分にグリースまたはワセリンを塗って，均一に広げ，気密性を高める．ふたを本体と少しずらしておくと，硬くて開けにくいときに，出ているふたの部分を横に押すことで開けやすくなる．

　真空デシケーターでは，試料中の水分が空気を介さずに乾燥剤へ移るので，乾燥

させやすい．減圧はアスピレーターまたは真空ポンプで行う．ふたを開けるときは真空状態を解除するためにコックを開くが，このとき空気の吸引口にろ紙をあてて，急激な圧力の変化を防ぐ．

❺ 駒込ピペット

　少量の液体を吸い上げ，別の容器に移すときに用いる．また，定量容器の標準に液体を合わせるときや，滴下するときなどに用いる．

　本体のガラス管部分の上部を中指，薬指，小指でしっかりともち，液体を吸い上げたり，排出するときに親指と人差指でゴム球部分を操作する（図5-6）．ほかにガラス管の一方を引きのばした**パスツールピペット**があり，同様に用いる．ほぼ垂直の下向きに保って操作する．目盛はおおよその目安に過ぎない．

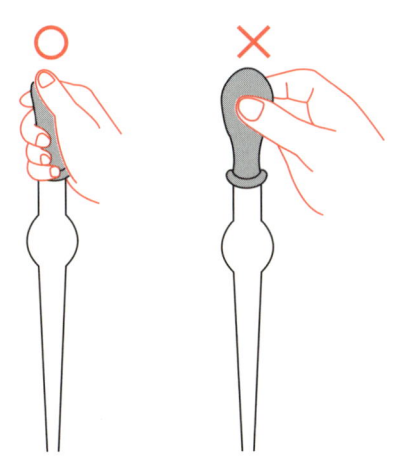

図5-6　駒込ピペットのもち方

❻ ブンゼンバーナー

　上下の二つのねじのうち，上が空気の流入口で，下がガスの供給口である．両方のねじとも，上から見て時計方向に回すと閉じ，逆時計方向に回すと開く．使用後は二つのねじを締める．ガスホースには使用期限がある．製造年が記されているので，2年を目安に交換する．

❼ 乳鉢，乳棒

　試料を細かく粉砕する場合に，乳鉢と乳棒を用いる．磁製の乳鉢と乳棒が一般的である．めのう製のものは，とくに精製された試料に用い，鉄製のものは，とくに硬い試料に用いる．

　めのう製の乳鉢と乳棒は欠けやすくなるため，加熱乾燥してはならない．

　粉砕の衝撃で発火や爆発するものは粉砕してはならない．硝酸塩，過マンガン酸塩，過酸化物，過塩素酸塩，塩素酸塩，ニトロ化合物，ニトロソ化合物，アジ化合物などである．

　吸湿性物質を粉砕する場合は，数重に重ねたビニール袋に入れて，木槌でたたいて砕く方法もある．

❽ 電子天秤

　試料や試薬などの重量を測定するときに用いる．天秤では秤量（どれだけの重量まで計量できるか），感量（どれだけの感度で計量できるか）がそれぞれ異なる．計量の目的に合った天秤を用いて測定することが必要である．

　天秤は水平な状態に保たれなければならない．水平であることを天秤につけられている水準器で確認し，水平でなければ脚についているアジャスターで水平にする．風により表示数値が不安定になることがある．このような場合は，風を防ぐことが必要となる．また，薬包紙が計量皿以外のものに触れていて正確な計測ができないこともよくある．

　電子天秤の校正法や，風袋調節法などについては，取扱い説明書の指示に従って操作する．また，一般的な操作については 6.2 節を参照のこと．

❾ 冷却管

　蒸留や還流に用いられ，水流により冷却し，加熱により生じた気体を液体へもどす．冷却管内を流す水は下から上方行，あるいはらせん管から垂直管方行とする．冷却した液体をもとの溶液に戻すことを還流といい，他へ導くことを蒸留という．蒸留にはリービッヒ冷却管を用いる．還流の場合は，低沸点物質には冷却効率の大きいジムロート冷却管を，高沸点物質には冷却効率の小さいリービッヒ冷却管を，中沸点物質には玉入り冷却管（アイリーン冷却管）をそれぞれ用いる．冷却のための水流は，直接水道のじゃ口にゴム管を接続して導くが，水圧が低下したため水流が止まったり，逆に水圧が高くなりすぎゴム管がはずれて水があふれることもあるの

❿ 分液ろうと

分液ろうととは，互いに溶けず分離する二つの液体を入れ，その溶解性のちがいを利用して溶質の抽出などを行うときに用いる．

液量は分液ろうとの容量の半分以下にする．振り混ぜている間は，ろうとを倒立させた状態で栓とコックをしっかりともち，液漏れがないようにする．また，ろうとの内圧が上昇している場合は，ときどきコックをそっと開けて蒸気を逃がすようにする（図5-7, 6.8節も参照）．

丸型分液ろうとは効率よく混ぜることができ，比較的多量の液の扱いに適している．スキーブ型分液ろうとは分析化学で使われる．円筒型分液ろうとは液量がわかりやすい．

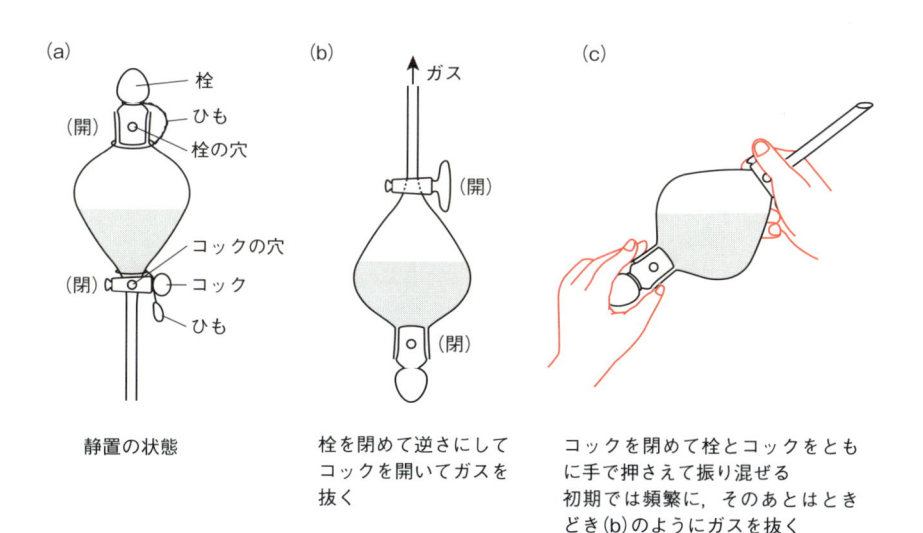

(a) 静置の状態

(b) 栓を閉めて逆さにしてコックを開いてガスを抜く

(c) コックを閉めて栓とコックをともに手で押さえて振り混ぜる　初期では頻繁に，そのあとはときどき(b)のようにガスを抜く

図 5-7　分液ろうとの使い方

5.3 すり合わせ器具

ガラス同士の接合部をすり合わせにして気密性を高めた栓やコックがついた器具をすり合わせ器具という（図5-8, 5-9）．特徴は，気密性，耐熱性，耐薬品性（例外はアルカリ性）において，ゴム栓やコルク栓より優れている点である．水，溶媒，グリースのいずれかを少量つけて，すり合わせ同士をこすったとき，すり合わせ部分が均一に半透明になる状態が望ましい．なお，すり合わせの代わりにテフロン製でできているものではグリースなどをつけずに使用する．組み合わせがばらばらにならないように，栓やコックと本体をひもで結んでおくとよい．すり合わせが取れなくなった場合は，強引に力を加えず，次の方法を試みる．

外側を熱湯，ヘアドライヤー，小さな炎で温めながら木槌でたたく．洗剤につけて沸騰と冷却を繰り返す．デシケーターのふたはナイフのような薄い刃物を差し込んでたたく．

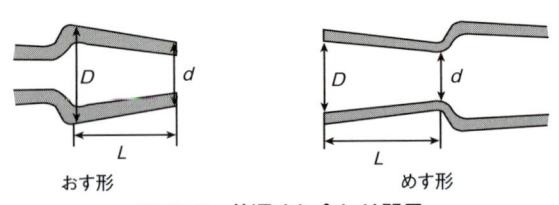

おす形　　　　　めす形

図 5-8　共通すり合わせ器具

D が同じもの同士が結合する．D：大径(mm)，d：小径，L：長さ．
規格（サイズ）の表示 ＄D/L　例 ＄24/40（大径24 mm，長さ40 mm）．

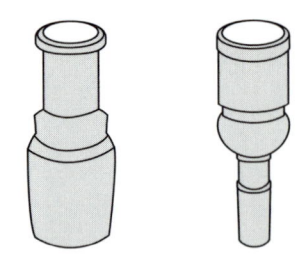

図 5-9　異径管

縮小用と拡大用．大径が異なるものを連結する場合，異径管を用いて連結する．

5.4 プラスチック製器具

　ガラス製器具とは異なる特徴をもち，その使用頻度が多い．材質の種類が多いので，実験目的に合わせた使い方が求められる（表5-3）．使い捨ての便利さだけで使うことは避けたい．

表5-3　プラスチック樹脂の耐熱性と耐薬品性

樹脂名	略号	物性（耐熱温度）	特徴（耐薬品性など）
ポリエチレン低密度	PE（LDPE）	70〜90	アルコール類，グリセリン，ジエチルエーテルを除く多くの有機溶媒には不適
ポリエチレン高密度	PE（HDPE）	90〜110	
ポリプロピレン	PP	100〜140	
ポリ塩化ビニル	PVC	60〜80	燃えにくい
ポリスチレン	PS	70〜90	
ポリエチレンテレフタレート	PET	70〜90	
ポリカーボネイト	PC	120〜130	アルカリに弱い
テフロン（ポリテトラフルオロエチレン）	PTFE	260	96％酢酸を除くほとんどの酸，アルカリ，有機溶媒に使用可
シリコンゴム		180	濃い酸，濃いアルカリに不可　アルコール類を除くほとんどの有機溶媒に不適

　樹脂製の管を使う場合は，その材質の耐久性に合わせた使い方をする．主な管の使用上の目安を示す．

ゴム管：120℃以下で使う．高温操作にはテフロン管を用いる（260℃まで）．劣化するため1年で取り替える．有機溶媒には用いない．ガラス管などにはめる場合は，水に濡らすとはめやすくなる．加圧，減圧操作には耐圧ゴム管を使う．
シリコン管：アルコールを除く有機溶媒に不可．
ポリエチレン管：濃硝酸，熱濃硫酸を除く酸，アルカリに使用可．

5章 実験器具の取扱い

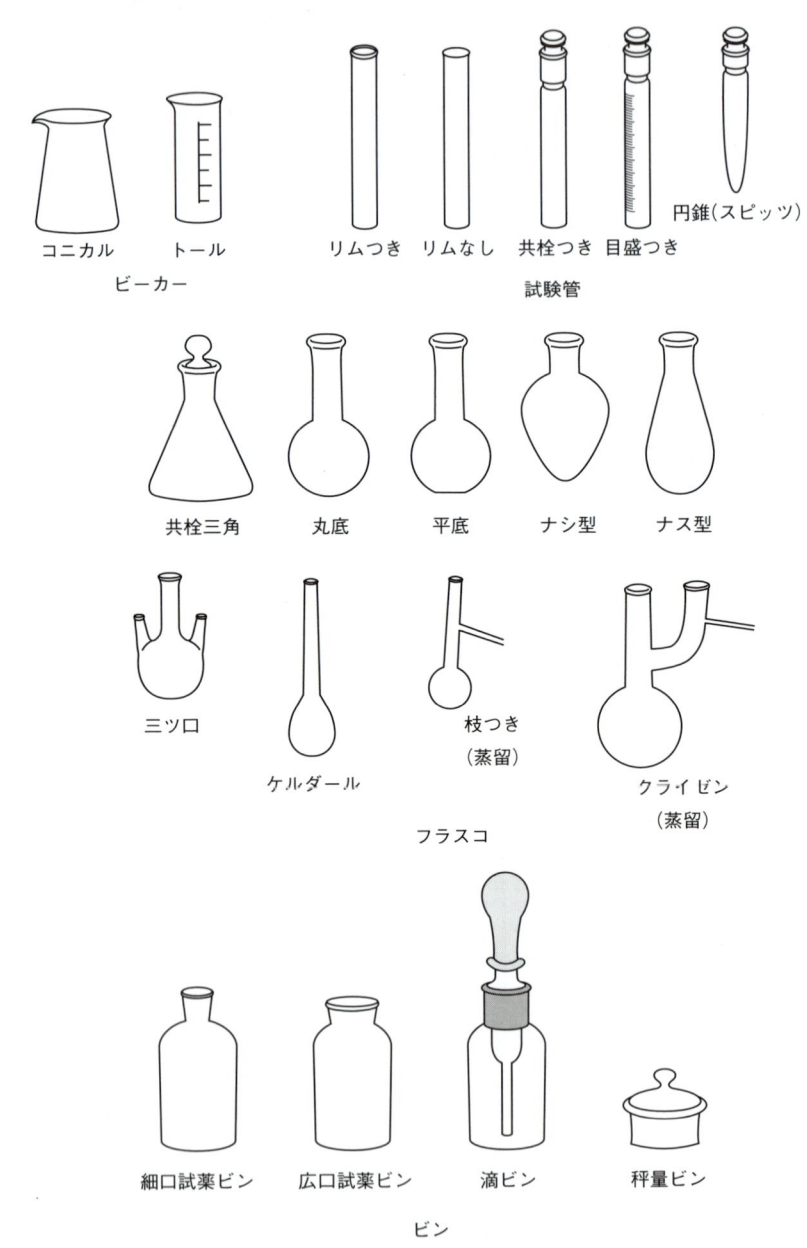

ビーカー: コニカル、トール

試験管: リムつき、リムなし、共栓つき、目盛つき、円錐(スピッツ)

フラスコ: 共栓三角、丸底、平底、ナシ型、ナス型、三ツ口、ケルダール、枝つき(蒸留)、クライゼン(蒸留)

ビン: 細口試薬ビン、広口試薬ビン、滴ビン、秤量ビン

図 5-10 主な実験器具

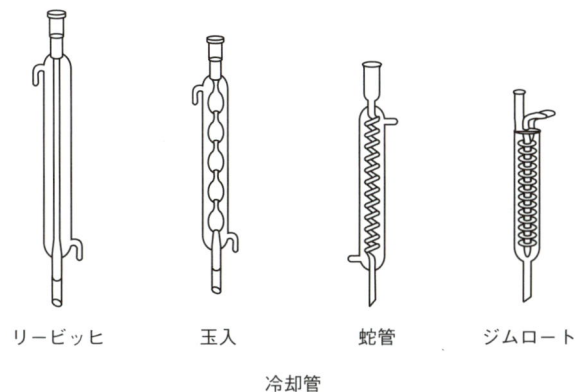

5.4 プラスチック製器具 75

リービッヒ　玉入　蛇管　ジムロート

冷却管

三角　目皿つき　ブフナー　ガラスフィルター

ろうと

丸型　長型
　　　（スキーブ）

分液ろうと

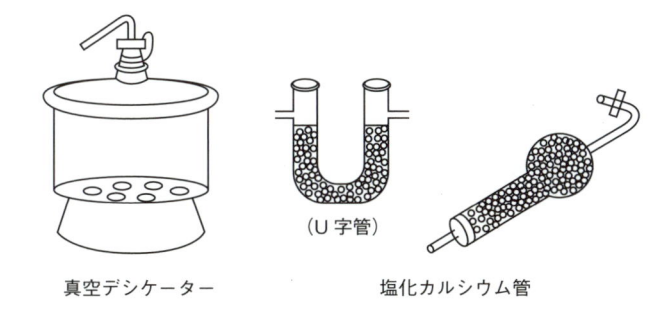

真空デシケーター　塩化カルシウム管
　　　　　　　（U字管）

乾燥用

5章 実験器具の取扱い

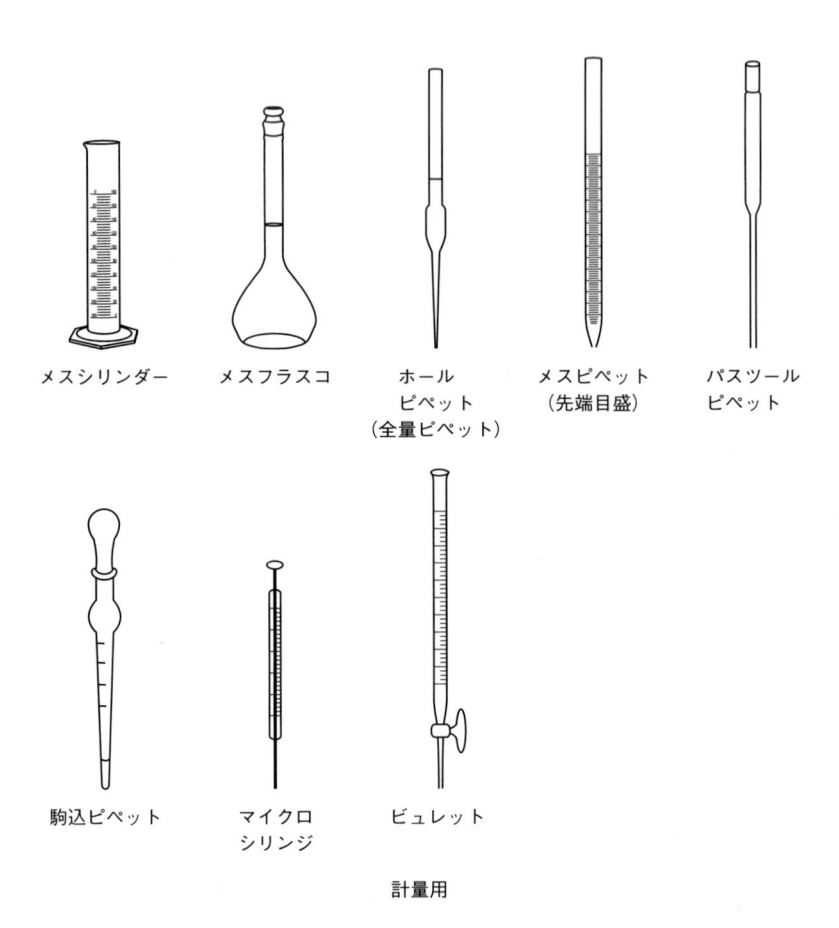

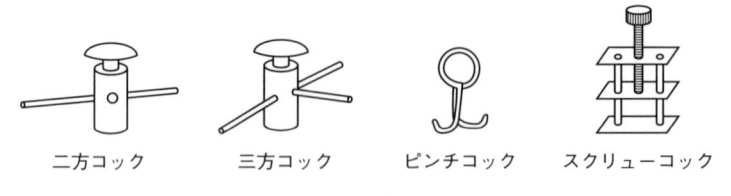

メスシリンダー　メスフラスコ　ホールピペット（全量ピペット）　メスピペット（先端目盛）　パスツールピペット

駒込ピペット　マイクロシリンジ　ビュレット

計量用

二方コック　三方コック　ピンチコック　スクリューコック

コック

5.4 プラスチック製器具　77

蒸発皿　るつぼ　乳鉢と乳棒　さじ

コルクボーラー　リング　スパチュラ

クランプ　クランプホルダー

ろ過鐘（グロッケ）　スタンド　水浴

吸引ビン　るつぼばさみ

時計皿　シャーレ　金網　ブンゼンバーナー　ガスホース

COLUMN

ろ紙の種類と性質（JIS P 3801）

種類			保持する沈殿	円形ろ紙（110mm）1枚の灰分	相当製品番号	
					東洋ろ紙	ワットマン
定性分析用	1 種	粗大なゼラチン状沈殿用	水酸化鉄	0.2%以下	No.1	No.1
	2 種	中位の大きさの沈殿用	硫酸鉛		No.2	No.2
	3 種	微細沈殿用	硫酸バリウム		No.131	No.5,6
	4 種	微細沈殿用の硬質ろ紙	硫酸バリウム		No.4	No.50
定量分析用	5 種 A	粗大なゼラチン状沈殿用	水酸化鉄	0.16mg以下	No.5A	No.41
	5 種 B	中位の大きさの沈殿用	硫酸鉛		No.5B	No.40
	5 種 C	微細沈殿用	硫酸バリウム		No.5C	No.42
	6 種	微細沈殿用の薄いろ紙	硫酸バリウム	0.12mg以下	No.6,7	No.44

ろ紙は目的に応じて適切なものを選ぶ．上記以外では，円筒形，クロマトグラフィー用など，また，ガラスフィルターろ紙なども販売されている．

6章

基本的な実験操作

溶液の体積をはかる
試薬などの質量をはかる（秤量）
ろ過する
試薬を調製する
滴定
加熱と冷却
試薬や試料の乾燥
攪拌と抽出
蒸留
純水の取扱い
器具の洗浄：実験が終了したら

6.1　溶液の体積をはかる

　体積をはかる器具(5.1 節参照)は，その膨張率が液体のそれよりも小さく，温度により生じる体積の誤差は $10^{-5}/℃$ と，無視できるほど小さい．これに対して，液体の膨張率は大きいので，溶液の体積は溶液の温度により異なり，補正を必要とする場合がある．補正をするには，溶液の温度を測定し，温度補正表(表 6-1)を用いて実測値を正確な体積に換算する．

例　15 ℃ で標定した標準溶液を用いて 25 ℃ で滴定した．滴定値 15.32 mL を得たとすると，15 ℃ における滴定値は次のようにして求められる．
　　温度補正表から求めた 15 ℃ と 25 ℃ の補正値 ＋0.85 と －1.10 を用いて
$$15.32 - \{0.85 - (-1.10)\} \times 15.32 / 1000 = 15.29 \text{ mL}$$
　　が得られる．

COLUMN

後流誤差

　容器の内壁に残る液量は液の粘度のほか，流出速度や容器の清浄さにより異なる．後流誤差を小さくするためには，清浄な器具を使うこと，液の流下をゆっくりすること，少し時間をおいてから目盛を読むことが肝要である．ゆっくりとは，10 mL を 30 秒以上かける速さをいう．

表6-1 温度補正表

温度℃	補正値 mL	温度℃	補正値 mL
10	＋1.40	25	－1.10
11	＋1.31	26	－1.35
12	＋1.22	27	－1.61
13	＋1.11	28	－1.88
14	＋0.98	29	－2.15
15	＋0.85	30	－2.44
16	＋0.70	31	－2.73
17	＋0.54	32	－3.03
18	＋0.37	33	－3.34
19	＋0.19	34	－3.65
20	0	35	－3.97
21	－0.20	36	－4.30
22	－0.41	37	－4.64
23	－0.63	38	－4.98
24	－0.86	39	－5.33

水 1 L に対する各温度における補正値.
溶液の濃度が高くなるほど補正値の絶対値が大きくなる．この補正表は 0.1 mol/L 以下の溶液に用いる．JIS 規格（K8001）より．

6.2 試薬などの質量をはかる(秤量)

❶ 電子天秤の使い方
1. **天秤を水平にする**：水準器(天秤本体に付属)を用いて調整する．
2. **スイッチを入れる**：天秤の扉が閉じていることを前もって確認する．
3. **風袋を差し引く**：秤量皿などを上皿にのせ，扉を閉め，「TARE」または「RE-ZERO」を押す．
4. **試料を測定する**：試料を秤量皿の中央にのせる．秤量後はスイッチを切る．
5. **汚したときはすぐにふき取っておく**：汚れている天秤は信用できない．

❷ 測定時に気をつけること
1. **短時間で測定する**：試料中の水は刻々と蒸発する．また，乾いた試料は空気中の水分を吸収する．潮解性物質や揮発性物質の場合は，蓋つきの秤量ビンなどを用いる．
2. **わずかな風でも影響する**：測定時には天秤の扉を閉める．また，測定者のそばを不用意に通り抜けない．
3. **試料の温度**：加熱乾燥した試料を熱いまま測定すると，天秤測定室内で空気の対流が生じ，安定しない．試料をデシケーター内で放冷したあと測定する．

COLUMN

密度をはかる

密度とは，単位体積当たりの質量である．記号は $\rho\,kg\,m^{-3}$ である．比重とは，基準物質の密度との比である．相対密度ともいう．記号はdである．水を基準物質とする場合が多い．水の密度は $0.99997\,g/cm^3$ であり，ほぼ $1\,g/cm^3$ であることから，水に対する比重は密度とほぼ同じ値になる．密度や比重の測定には温度を測定することも必要である．

6.3 ろ過する

❶ 自然ろ過

沈殿の分別，溶液中の固形不純物の除去などに用いる．溶液中の沈殿はできるだけ沈めて，上澄み液を先にろ過する．

1. 沈殿が必要な場合

四つ折りろ紙を用いる(図6-1)．ろ紙をろうとに密着させる．ろうとの脚は下でろ液を受ける受器の壁にそわせる．ろうとの脚に満たされた溶液の落下力により，ろ過が速くなる．母液(沈殿があった元の液体)の容器内に残った沈殿を母液と同じ

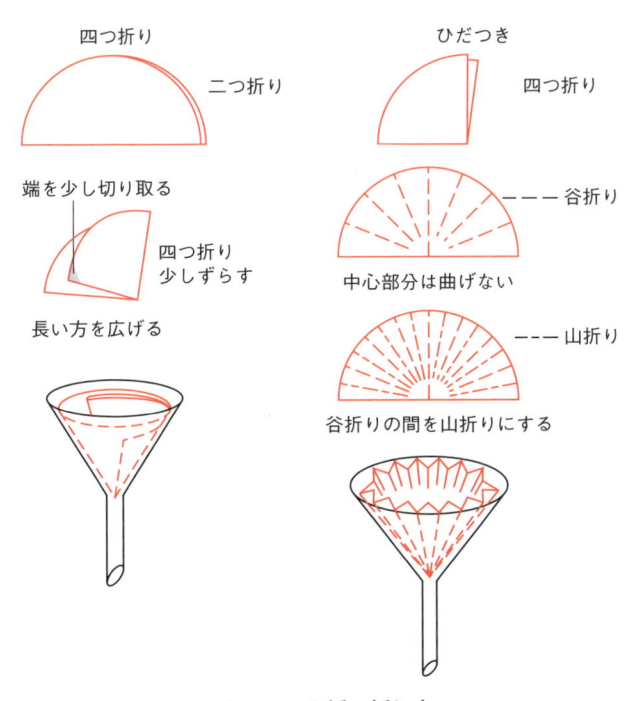

図6-1 ろ紙の折り方

溶媒でろうとに移し，ろ紙ともども洗浄して沈殿を得る（ろ紙の種類については，p.78 参照）．

2. ろ液が必要な場合

ひだ折りろ紙を用いる（図 6-1）．ろ過面積が四つ折りろ紙より大きいので，ろ過速度が速い．

❷ 吸引ろ過（図 6-2）

吸引にはアスピレーターなどを用いる．大量の溶液のろ過や急いでろ過する場合に用いる．ろうとの足から溶媒が落ちなくなってから吸引ビン内を常圧に戻して吸引を止める．常圧に戻すのは，アスピレーターの水の逆流を防ぐためにである．

1. 結晶が多い場合

ブフナーろうと（ヌッチェ）と吸引ビンを用いる．ろ紙の大きさはブフナーろうとの内径より少し小さめ（数 mm）にする．少量の溶媒でろ紙を濡らし吸引してろ紙を目皿に密着させてから，試料をろ過する．

2. 結晶が少ない場合

目皿つきろうとを用いる．目皿より少し大きめのろ紙をのせてろ過する．ろ紙の取り出しは，ろうとの脚から細い棒を挿入し目皿ごと押し出す．ろ紙の裏側をたたいて結晶を落とす．スパチュラでこすると，ろ紙のくずが入ることがある．

3. 微粒子沈殿の場合（細かい沈殿がつまって時間がかかる場合など）

ケイソウ土（ヒライトなど）の懸濁液をろ紙上に流し入れ，1 cm 程度の層をろ紙の上にあらかじめつくっておく．この上に試料溶液を入れてろ過する．ケイソウ土は溶質に対する吸着力が小さく，微粒子をよく捕集することから，ろ過補助剤として使われる．なお試料溶液は静置して沈殿をできるだけ沈めて，上澄液からろ過するとよい．

4. ガラスフィルター

強い酸，強いアルカリ，強い酸化剤などの溶液のろ過に用いる．P40（JIS 呼称では G3）のポアサイズは 16〜40 μm であり，より細かい沈殿に用いられる P16（G4）は 10〜16 μm である．使用後は，沈殿を溶解する溶媒でフィルターをよく洗浄する．溶解する溶媒がないことから，活性炭には使用できない．

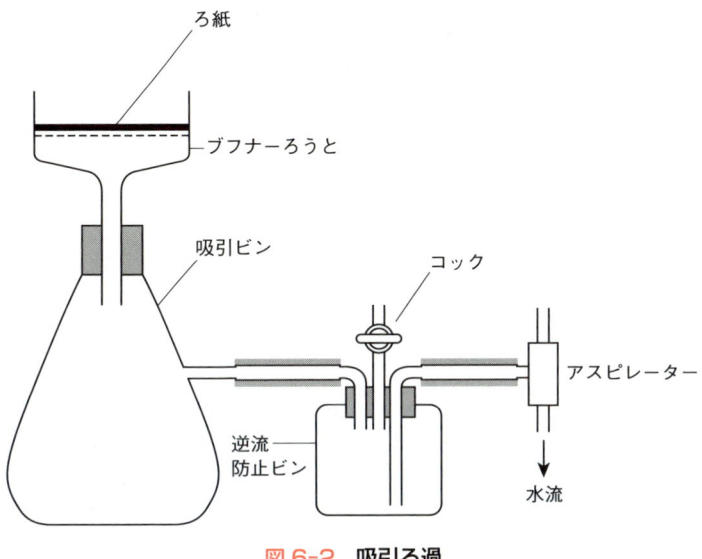

図 6-2　吸引ろ過

6.4　試薬を調製する

❶ 純水の種類

　実験で使われる主な純水は，脱イオン水（比抵抗値 0.1 〜 1 MΩ cm），蒸留水（1 〜 10 MΩ cm），超純水（18 MΩ cm）である．水の純度は時間がたつと落ちる．保存容器からの溶出物質や，微生物の繁殖，二酸化炭素などの気体の溶解などが原因である．

❷ 試薬溶液調製時の注意

　溶解時に発熱するものがある．
・水と発熱するもの：水酸化ナトリウム，硫酸（とくに硫酸水溶液を調節する場合は，水に濃硫酸を加えること）．
・ピリジンと発熱するもの：無水酢酸（ピリジンに無水酢酸を入れること）．
　光の影響を受ける試薬は褐色ビンに入れる．薄い濃度の試薬溶液は保存中に濃度が変わりやすいため，長期保存はできない．

❸ 調製中の試薬溶液を他の器具に移す場合

　試薬溶液中の溶液を完全に他の容器に移し替えたいときは，残った溶液を溶媒を用いて数回洗い込む．
例　ビーカーであらかじめ溶質を溶かした溶液をメスフラスコに移すとき．
　試薬溶液の濃度を維持するときは，単に溶液を移し替え，残った溶液の洗い込みをしない．
例　メスフラスコを用いて正確な濃度に調製した溶液を保存のビンに移すとき．

❹ 液体試薬の希釈，混合

　液体試薬と水を混合する場合，発熱することが多いので，次のように調製する．
　必要量の水をシリンダーにとり，少し残してビーカーに入れる．必要量の液体試薬をシリンダーにとる．液体試薬を水の入ったビーカーに攪拌しながら少量ずつ入

れる．残りの水を加える．

また，溶媒同士を混合するときも発熱する場合がある．発熱した場合は，容器ごと水につけて冷却してもよい．また，試薬ビンやメスフラスコなどに移す場合は室温まで冷却してから行う．

なお，混合溶媒の体積は各溶媒の体積の合計になるとは限らない．

❺ 標準液

標準試薬で調製する**一次標準液**と，一次標準液を用いて濃度を決めた**二次標準液**がある．

1. 一次標準液

容量分析用の標準試薬としてよく用いられるものを示す．中和滴定用のシュウ酸，フタル酸水素カリウム，酸化還元滴定用のシュウ酸ナトリウム，沈殿滴定用の塩化ナトリウム，キレート滴定用の炭酸カルシウムなどがある．

標準液の調製においては，標準試薬の秤量は 0.0001 g まではかり，試薬を溶解したあとにメスフラスコで定容する．必要に応じて溶液の温度を測定し，温度補正を行う．

2. 二次標準液

不純物や水分を含むため正確に秤量できない試薬の場合，その溶液の正確な濃度は一次標準液を用いた標定により求められる．塩酸，水酸化ナトリウム，過マンガン酸カリウムなどの標準液は二次標準液である．

COLUMN

水酸化ナトリウム溶液が一次標準液として調製できないのは？

水酸化ナトリウムは粒状で，空気中の水分を吸収する潮解性があり正確にはかりとれないためである．

また，水酸化ナトリウム溶液には空気中の二酸化炭素が溶けるため部分的に中和してしまい，アルカリとしての濃度が変化してしまう．したがってシュウ酸などの一次標準液を用いて，正確な濃度を標定しなければならない．

❻ 一般的な酸・アルカリ溶液を調製するときの注意点

　酸やアルカリを溶解する場合，および，既存の酸溶液やアルカリ溶液を水で希釈する場合に，発熱することが多いので，水は静かに加える．濃い酸溶液や濃いアルカリ溶液を希釈する場合には，水を先に入れたのちに，酸溶液やアルカリ溶液を加える．逆の順に混ぜるのは危険である．とくに濃硫酸の希釈には注意が必要である．
・硝酸溶液は光による分解を防ぐために，褐色ビンで保存する．
・アルカリ溶液は樹脂製の試薬ビン，またはゴム栓を用いたガラス製の試薬ビンに保存する．
・アンモニアは空気中へ気化するため，濃いアンモニア水の保存は栓をしっかり閉める．
・水酸化ナトリウムには潮解性があるため，試薬ビンの蓋をしっかり閉める．二酸化炭素との反応を避けるため，水溶液の保存にはソーダ石灰管をつける．
・塩酸，硝酸，アンモニア水などは，刺激性気体を発生するのでドラフト内で扱う．

COLUMN

塩酸が一次標準液として調製できないのは？

　塩酸は塩化水素水溶液のことをいう．濃塩酸は塩化水素の飽和水溶液であり，濃度は変動する．したがって濃塩酸を希釈した塩酸溶液の濃度も，正確なものではない．

COLUMN

溶解を表す用語

用語	常温において個体1gまたは液体1mLを溶解するのに必要な溶媒の量(mL)	
きわめて溶けやすい		1 未満
溶けやすい	1 以上	10 〃
やや溶けやすい	10 〃	30 〃
やや溶けにくい	30 〃	100 〃
溶けにくい	100 〃	1000 〃
きわめて溶けにくい	1000 〃	10000 〃
ほとんど溶けない	10000 〃	

JIS 規格（K8001）より．

6.5 滴定

❶ 滴定の注意点

　標準液をビュレットの先端まで入れる．先端の空気を出す方法の一つとして，次のやり方がある．ビュレットを斜めにして栓を一気に開けて液を勢いよく出す（図5-5参照）．滴定時の滴下速度は1滴ずつ入れる．反応により生じる色が消えてから次の1滴を加える．滴定中に反応液を撹拌することも忘れてはならない．終点付近では1滴より少ない量を加え，より正確な滴定値を求める．滴下しないような少量の標準液をビュレットの先端に出し，これをビーカーの壁につけ，ビーカーを傾けて溶液に受けるか，純水で洗い落とす．あるいは撹拌用のガラス棒を用いて，先端の溶液を移してもよい．

❷ 終点の色調をあらかじめ把握するには

　滴定を行っているとき，指示薬の色調の変化がはっきりせず滴定の終点が見極めにくい場合は，滴定試料と同量の溶媒に，指示薬と1滴以下の滴定液を加えて得られる色調を基準とするとよい．終点の色調は退色など変化しやすいので，色調の安定時間にも配慮する．

❸ 中和滴定における指示薬の選択

　次の酸と塩基の中和滴定に用いられる滴定指示薬を示した．指示薬の量は数滴とし，滴定ごとの滴数を一定にするのが望ましい．

	指示薬	酸性色	変色域	塩基性色
弱酸―強塩基	フェノールフタレイン（0.1 g ＋ 95 ％エタノール 90 mL ＋水で 100 mL に定容）	無色	7.8 〜 10.0	紅色
強酸―弱塩基	メチルオレンジ（0.10 g ＋水で 100 mL に定容）	赤色	3.1 〜 4.4	黄色
強酸―強塩基	フェノールフタレインまたはメチルオレンジ			

メチルオレンジは褐色ビンに保存．

❹ 過マンガン酸カリウムによる滴定

　滴定試料を硫酸酸性にして加熱し，60℃以上で滴定する．温度が下がったら滴定を中断し，加熱してから滴定を再開する．この滴定の反応には Mn^{2+} イオンが触媒として必要であり，滴定当初では Mn^{2+} イオンが存在せず，反応が遅いため，低い温度では過マンガン酸カリウムの色が消えにくい．また，酸化マンガン(Ⅳ)を生じる副反応も起きる．過マンガン酸カリウム標準液は光の影響を受けやすく，容器には褐色ガラス器具を用いる．保存中に沈殿物を生じるなど不安定で変化しやすいので，実験ごとに標定するのが望ましい．

❺ 逆滴定

　試料液と標準液との反応が遅い場合に有効である．試料に対して過剰な量で一定量の標準液を加えて反応させる．未反応の過剰分の標準液を別の標準液を用いて滴定する．加えた標準液一定量から滴定値を差し引いた量が，試料中の目的物質の量に相当する．

6.6 加熱と冷却

❶ 加熱

　加熱には，ガスバーナーや電気コンロを用いる直接加熱，マントルヒーター（丸底，ナス型用），ウォーターバス（恒温水槽），オイルバス（100℃以上の場合），ホットプレート（平底用），ホットドライバス（アルミブロック，試験管用）を用いる間接加熱がある．引火や着火の危険性の少ない間接加熱の方が安全である．

　加熱の注意事項は次のとおりである．

1. 開放系で加熱する．密閉してはいけない（安全弁つきのオートクレーブの場合は例外である）
2. 急激に加熱しない．加熱初期に変化が起きやすい．
3. 液量は容量の 2/3 以内にする．
4. 沸点が 100℃ 以下の物質には直火は厳禁である．とくに引火性液体を加熱する場合には，還流冷却管をつける．
5. 均一に加熱する．局所的な加熱は局所的膨張（ガラスの破損）の原因になる．ビーカーや三角フラスコは，ホットプレートとの接触部分が局所的になることがある．浴を用いる場合は，水や油などの媒体を攪拌しながら加熱して，浴中での温度差をなくす．また，容器が浴の底につかずに安定に保持されるようにする．
6. 発熱反応を伴う場合は少しの加熱で急激な温度上昇が起こる．たとえば，過酸化水素水は加熱すると分解が促進され，発熱も急激に増す．過酸化水素水を試験管で加熱してはならない．
7. 沸点付近まで加熱する場合には，突沸防止のために沸石を入れる．沸石は再利用できない．再沸騰する場合は，新しい沸石を入れる．
8. 試験管を直火で加熱するとき，試験管の口を人の方に向けない．突沸した場合，熱い試薬が人にかかる．

❷ 冷却

　冷却には，冷却管を用いる蒸留や還流での蒸気を凝縮させる冷却と，低温条件下

の反応における冷却剤を用いる冷却がある(冷却管については，5.2節参照).

おもな冷却剤を表6-2に示す．ドライアイスを有機溶媒に入れるときは，はじめは少しずつ入れて，吹きこぼれないようにする．ドライアイスの代わりに投げ込みクーラーを用いる場合もある．

0℃以下の反応の冷却の場合には，反応容器の口に塩化カルシウム管をつけて，空気中の水分の結露を防ぐ．

冷却水循環装置を用いて10℃以下の冷却水を冷却管などに送る場合，冷却水にエチレングリコールやプロピレングリコールなどを主成分とする不凍液を添加する．循環装置内の冷却水の凍結を防ぐためである．

表 6-2　冷却剤と冷却温度

種類	およその冷却温度(℃)
氷　食塩(1：0.2)	−20
氷　エタノール(1：1)	−30
ドライアイス　メタノール	−70
ドライアイス　アセトン	−85
液体窒素	−196

COLUMN

事故につながる突沸

　突沸とは，沸点では沸騰が始まらず，沸点を超えて液体全体が急激に沸騰することである．突沸直前の状態では，容器を揺するだけでも突沸することがある．ガラス棒を入れた瞬間吹き出すこともある．容器から吹き出た高温の試薬で火傷や火災を引き起こさぬように気をつけよう．沸石を入れて加熱したり，撹拌しながら加熱することで防止できる．沸騰させる場合は穏やかに沸騰させるように努める．

6.7　試薬や試料の乾燥

　試薬や試料の付着した水は正確な秤量の妨げになる．また，その水が化学反応に影響することもある．吸湿しないように保存することも重要である．

❶ 固体の乾燥

　乾燥剤の種類を乾燥の対象とするものによって選択する（表 6-3）．

表 6-3　固体のための乾燥剤の種類と性質

対象物	乾燥剤の種類	備考
器具の防湿用	シリカゲル	
試薬	濃硫酸	100％濃硫酸は結晶水も脱水する シュウ酸の乾燥には80％硫酸を用いる
	塩化カルシウム	アルコール類も吸収する
	五酸化リン	最も強力であるが，吸収量は少ない 他の乾燥剤で乾燥したのちに用いる
	水酸化カリウム	水酸化ナトリウムより強い
	酸化カルシウム	生石灰

❷ 液体の乾燥

　溶媒および溶質と反応しないものを用いる（表 6-4）．乾燥剤の量は液量の 1/20 〜 1/30 である．

表 6-4 液体のための乾燥剤の種類と性質

乾燥剤	対象物	禁忌および備考
水酸化カリウム（KOH） 水酸化ナトリウム（NaOH）	エーテル，アミン類	酸，フェノール，アルコール，アミド
無水硫酸カルシウム（P_2O_5）	短時間で乾燥する場合に限る	乾燥力が強い
硫酸ナトリウム（Na_2SO_4） 硫酸マグネシウム（$MgSO_4$）	ほとんどすべて	30℃以下で使う．温度が高いと結晶水も脱水される
塩化カルシウム（$CaCl_2$）	炭化水素　エーテル	

❸ 気体の乾燥

ガラス管やU字管の乾燥剤内をゆっくり通過させることで乾燥する．乾燥剤の両端には脱脂綿またはガラスウールを詰める．気体の種類により乾燥剤を選ぶ．

水分や二酸化炭素を取り除く目的には，$CaCl_2$ を用いる．その他の乾燥剤として，濃硫酸，CaO，ソーダ石灰（ソーダライム）がある．

6.8 攪拌と抽出

❶ 攪拌

マグネチックスターラーや攪拌棒（ガラス棒）などを用いて溶液を攪拌する．

マグネチックスターラーは，比較的少量の攪拌や密閉系の攪拌に用いる．しかし，固体を多く含む懸濁液や粘性の大きい溶液には適さない．回転が速すぎて攪拌子が跳ね回った場合は，一度スターラーを止めてから低速で再開する．

❷ 抽出

試料（液体の場合もある）から目的物をよく溶かす溶媒で溶かし出すことを抽出という．液体試料の場合には，試料の溶媒と溶け合わない抽出溶媒でなければならない．（表6-5，6-6）

液体試料からの抽出（分液ろうとを用いる場合）

液体試料に抽出溶媒を加えたとき，ガスを発生することがある．分液ろうとを振るときも，穏やかに振ってガスの発生の有無を確かめる．ガスを発生する場合は，コックを開けてガスを抜く．ガスの発生が止まるまでこれを繰り返す．振とう後，栓の穴を溝に合わせて空気が出入りできるようにする．上下二層に分離したら，コックを開けて下層を下から出す．上層は上の口から出す．

通常，この操作を数回繰り返す．

表 6-5　液体試料の抽出溶媒

試料の溶媒	抽出溶媒
水	炭化水素(ベンゼン，トルエン，石油エーテルなど)
	ハロゲン化炭化水素(クロロホルムなど)
	エーテル(ジエチルエーテルなど)
	アルコール(ベンジルアルコールなど)
メタノール	DMSO，石油エーテル，シクロヘキサンなど
ジエチルエーテル	水，エチレングリコールなど
シクロヘキサン	DMSO，メタノール，水
石油エーテル	ベンジルアルコール，DMSO，ホルムアミド，フェノール，水

表 6-6　抽出溶媒の性質

溶媒	比重	水に対する溶解度 g/100 mL	沸点
ジエチルエーテル	0.71	7.5	34.6
石油エーテル	0.64	不溶	35〜60
ヘキサン	0.66	不溶	69
酢酸エチル	0.90	8.6	77.1
ベンゼン	0.88	0.08	80.1
トルエン	0.87	0.047	110.6
ジクロロメタン	1.33	2	39.8
クロロホルム	1.49	1	61.2
四塩化炭素	1.59	0.08	76.7

6.9 蒸留

❶ 単蒸留(常圧蒸留)
液体を沸騰させ,生じた蒸気を冷却器で冷やし,凝縮した液体を集める.不純物が不揮発性の場合と,不純物の沸点が大きく異なる場合に用いる.

❷ 分別蒸留(分留)
蒸留フラスコに分留管をつけて行う.上昇する蒸気と下降する液体が十分に接触して平衡状態になるようにする(図6-3).沸点の1〜2℃以内に分留管温度を保つと効率がよい.

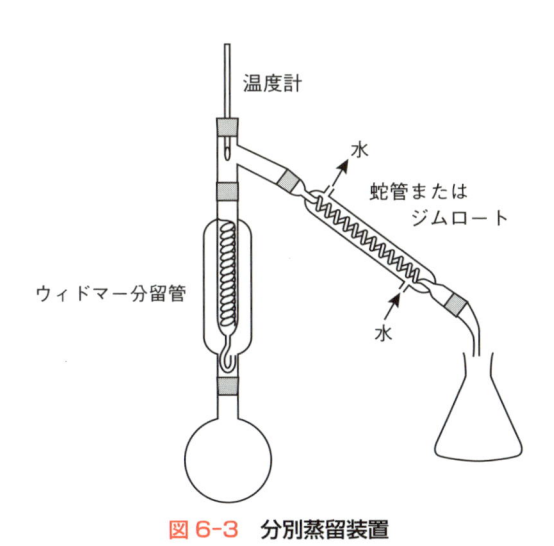

図6-3　分別蒸留装置

❸ 水蒸気蒸留

　沸点の高い物質や単蒸留で熱分解しやすい物資を蒸留するのに適する．水蒸気蒸留とは，溶液に水蒸気を通じ，水蒸気に溶けやすい物質，あるいは蒸気圧の高い高沸点の物質を水蒸気とともに回収し冷却させ捕集する方法である（図6-4）．

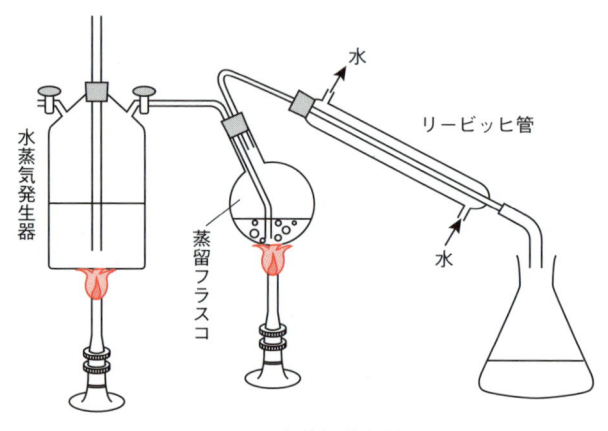

図6-4　水蒸気蒸留装置

6.10　純水の取扱い

　純水は，実験に用いるために不純物を取り除き精製した水である．純水には脱イオン水，蒸留水などがある．

　純水（脱イオン水またはイオン交換水ともいう）は，イオン交換樹脂によって電解質（水中の陽イオンと陰イオン）を除去し精製した水である．電解質が水中から除去されると水の比抵抗（電気伝導度の逆数）が増加する．純水の比抵抗は $1 \times 10^6 \sim 10^7 \Omega$ cm 程度の大きい値を示す．純水装置（図6-5）には比抵抗測定装置がついており，比抵抗値が下がってきたらイオン交換樹脂を洗浄して再生する．純水は，電解質は除去されているが非電解質である有機化合物が残存しているおそれがある．そこで，有機化合物の残存が実験データに影響を及ぼす可能性がある場合は，純水を蒸留（液体をいったん気化させ，これを冷却して再び液体として集める操作）して有機化合物を除いた蒸留水を使用する．実験は求められる純度の純水を用いる必要がある．不注意に純水を扱い，純水を汚染させてしまうと正確な実験結果が得られなくなるので注意が必要である．

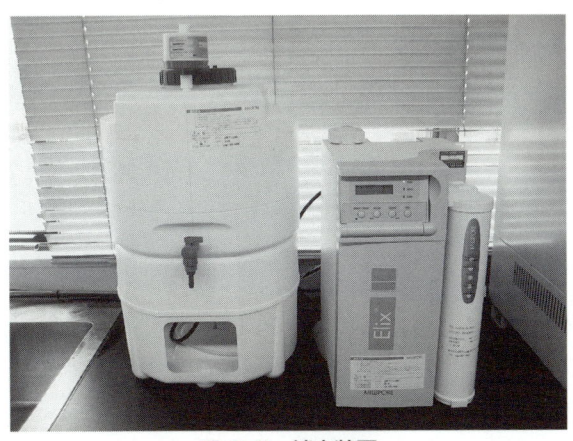

図6-5　純水装置

6.11　器具の洗浄：実験が終了したら

❶ ガラス器具の洗浄

　ガラス器具は，器具を透かしてみて汚れがなく，水で濡らしたとき壁面に水滴がつかなければ，いちおう清潔に洗浄されているといえる．とくに容量測定器具(ビュレット，メスシリンダー，ピペット，メスフラスコなど)は内部が汚れていると水滴がつき，正確に使用しても十分に容量測定機能を果すことができず，実験誤差の原因となるので，洗浄は大切である．

　ガラス器具の汚れは，無機物の付着，油脂やその他の有機物の付着である．無機物の付着汚れは，塩酸，硝酸，王水(塩酸3：硝酸1の溶液)での洗浄，有機物の付着汚れは合成洗剤，有機溶剤，クロム硫酸混液(濃硫酸9：重クロム酸カリウム1の溶液)などでの洗浄が効率よい．洗浄後は，水洗いする．合成洗剤はよく水洗いしないと残留してしまうので，十分水洗いする必要がある．

　三角フラスコやビーカーを洗浄する場合は洗浄ブラシなどを使用してもよいが，ビュレットやメスフラスコなどの容量測定器具の内部はブラシを使用して洗浄すると傷がつき，容量が変化するおそれがあるので，洗浄ブラシは使用しない．これらの器具は，使用後すぐに合成洗剤の水溶液にしばらく浸漬してから，その後水洗いして洗剤を除去する．

　ピペットはクロム硫酸混液や理化学用洗剤などに浸漬してから自動洗浄機(図6-6，ピペット洗浄機)で水洗いする．水洗いが終わった器具は，洗浄ビン(図6-7)を用いて純水を拭きつけて3回程度すすぐ．クロム硫酸混液や理化学用洗剤などの使用は環境に負荷をかけるので，使用法に関しては指導者の指導に従う必要がある．

❷ ガラス器具の乾燥

　ガラス器具の乾燥には，水切り台を使用して乾燥してもよいが，前述した乾燥機を使用してもよい．その場合，器具の種類と使用してよい乾燥機について，十分理解しておくことが大切である．容量測定器具は過熱すると膨張し，冷却しても元に戻らないおそれがあり，容量測定能を失ってしまう危険性が高い．

6.11 器具の洗浄：実験が終了したら 101

　容量測定器具の乾燥を急ぐ場合，エタノールを吹きつけて脱水し，さらにエーテルを吹きつけて振り切り，通気して蒸発させる．有機溶媒は吸い込むと有害である上，引火性が高いので，取扱いには十分な注意が必要である．

図 6-6　ピペット洗浄機

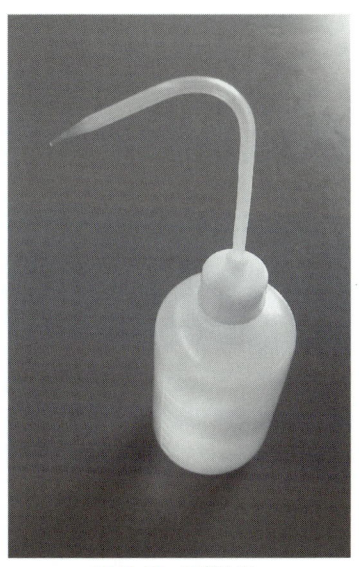

図 6-7　洗浄ビン

COLUMN

市販試薬の濃度

市販名	比重 (15°/4°)	%	g/100 mL	モル濃度	規定度
濃塩酸	1.19	37	44.0	12	12
局方塩酸	1.15	30	34.5	9.3	9.3
希塩酸	1.04	7.1	7.3	2	2
濃硝酸	1.42	70	99	16	16
局方硝酸	1.15	25	28.8	4.5	4.5
希硝酸	1.07	11.8	12.6	2	2
濃硫酸	1.84	96.2	177	18	36
希硫酸	1.06	9.2	9.8	1	2
濃リン酸	1.71	85	145	14.8	44.4
局方リン酸	1.12	20	22.4	2.3	7
氷酢酸	1.06	98	104	17.3	17.3
局方酢酸	1.04	30	31.2	5.2	5.2
強アンモニア水	0.90	28	25	15	15
局方アンモニア水	0.96	10	9.6	5.6	5.6
過酸化水素	1.11	30	33	9.7	9.7
局方過酸化水素	1.01	3	3	0.9	0.9
局方純(エチル)アルコール	0.796	99	99.5 v%	17.1	—
(エチル)アルコール	0.81	95	96 v%	16.7	—
局方(エチル)アルコール	0.83	87	91 v%	15.6	—

林 淳三 編著,「新訂 生化学実験」, 建帛社(1998), 付表3.

7章

実験機器の取扱い

分光光度計の理論
分光光度計を用いた溶液の濃度測定例
pHメーター
遠心分離機
試験管ミキサー
オートクレーブ
乾燥機
凍結乾燥機
恒温水槽
スターラー
ロータリーエバポレーター

7.1 分光光度計の理論

❶ 可視光，紫外光，赤外光

　目で感じることのできる光を可視光という．可視光線は約 350 ～ 750 nm の波長をもった光で，波長の短い方から紫，藍，緑，黄，橙，赤色となる．太陽光や白熱灯の光は白色光と呼ばれるが，これは可視光線のすべての波長範囲にわたる光の集合である．

　赤く見える液体は，500 nm の波長をもった光を吸収している．したがって，500 nm の波長をもった光を赤色の液体に当てると，その光は液体に含まれる赤色を呈する原因となった物質の濃度に比例して吸収される．目で感じることのできない 350 nm 以下の波長をもった光を紫外光，750 nm 以上の波長をもった光を赤外光という．物質によっては目に見えない光を吸収するものもある．

　物質が光を吸収する現象を利用する分析法を吸光分析法（とくに可視光の場合を比色分析法）という．分光光度計とは一定の波長をその波長の光を吸収する溶質を含む溶液に当て，溶質の濃度を測定する機器である．定量分析では幅広く利用されている．

❷ 透過率と吸光度

　光を吸収する物質（溶質）の溶液に強度 I_0 の光を照射したとき，透過光の強度が I ならば，光が透過した割合は I/I_0 であり，これを百分率で表したものを透過率（Transmittance: T，$T = I/I_0 \times 100$）という．また，この物質によって吸収された光の割合を吸光度（Absorbance: A）という．吸光度は $\{A = \log_{10}(I_0/I)\}$ と定義される．溶液の濃度を c，光路長を d とすれば，次式で示されるランバート–ベールの法則（Lambert–beer's law）により，$A = \varepsilon c d$ という式が成り立つ．ε（イプシロン）はモル吸光係数という物質に固有の比例定数（$cm^{-1} \cdot M^{-1}$）である．実験では，同一の規格のセルを用いて吸光度を測定するので d も定数として捉える．

　吸光度は溶液の濃度に比例するので，濃度既知の標準溶液を用いて濃度と吸光度との間に直線の検量線を描くことができる．濃度を調べたい溶液の吸光度を測定す

れば，検量線を用いて濃度を求めることができる(図2-5参照)．

　分光光度計を用いて溶液の濃度を求める場合，溶液の濃度が高すぎないことが重要である．検量線を作成すれば一目瞭然であるが，濃度が高いと検量線は直線にならず，傾きが緩やかになってくる．これは，透過率が低くなる(Iの値が小さくなる)と誤差が生じやすいからである．吸光度の値が1を超えると透過率は10％以下となり，誤差が生じやすい．機器の精度にもよるが，吸光度が1を超えた場合は溶液の濃度が高すぎると考えられるので，溶液を希釈して測定しなおすべきである．

7.2 分光光度計を用いた溶液の濃度測定例

　この方法は，グルコースを酵素（グルコースオキシダーゼ）を用いて選択的に反応させ，生じた過酸化水素がペルオキシダーゼの働きにより，o-トリジンと反応し，青色を呈することを利用した測定法である．

❶ 発色試薬の調製
　酢酸緩衝液（0.15 M，pH 5）150 mL にグルコースオキシダーゼ溶液（150 mg/mL）1 mL，ペルオキシダーゼ溶液（5 mg/L）1 mL，o-トリジン溶液（10 g/L）を加えて調製する．

❷ 発色
　試料および標準グルコース溶液（0〜100 μg/mL）1 mL に発色試薬 5 mL を加え，よく混合して 10 分間放置する．

図 7-1　分光光度計

❸ 分光光度計の準備(図 7-1．図 2-3 も参照)

電源を入れ，光源の波長を測定波長(625 nm)に合わせる．この際，光源が安定するまで時間を要する場合もあるので，機器の取扱説明書を参照すること．

❹ 調整

対照液(この場合はイオン交換水)をセル(通常は光路長 1 cm)に入れ，セルホルダーにセットする．機器により異なるが，光路が溶液を完全に通過するように，セルの 2/3 を溶液で満たす．光が通るときは透過率 100%，光が遮断されたときは透過率 0% になるように分光光度計を調整する．

セルにはガラスセルと石英セルがある．ガラスセルは可視光を通すが，紫外光を通さず安価である．石英セルは可視光も紫外光も通すが高価である．通常，可視光で測定する場合はガラスセルを，紫外光で測定する場合は石英セルを使用する．

❺ 測定

標準溶液および試料溶液をセルに入れる．溶液をセルに入れるとき，その溶液で共洗いする．標準溶液は濃度の薄い溶液から先に測定し，順次濃度の高い溶液の測定を行う．セルをセルホルダーにセットし，吸光度を測定する．

❻ グルコース濃度の計算

標準溶液の濃度と吸光度をグラフにプロットして直線で結び，検量線を作成する(p.35 参照)．試料溶液の吸光度から検量線を用いて，試料溶液のグルコース濃度を求める．

7.3 pHメーター

　2章で解説されたpHを測定する機器が，pHメーターである．pHは $-\log[H^+]$ の値なので，pHメーターはガラス電極と標準電極を組み合わせた複合電極を用いて液体の水素イオン濃度を測定し，pH値を計算して表示する（図7-2）．ガラス電極のガラス膜は水素イオンだけに選択的に感応するため，イオン濃度の違いによりガラス膜内外で電位差を生じる．この膜電位を測定し，水素イオン濃度に換算し，さらにpH値を計算して表示する．電極の水素イオン感応部（先端部分）は薄いガラス膜なので，容器にぶつけたりしないように注意する必要がある．操作法の概略は次のとおりである．

1. 電源を入れ，機械が安定するまで待機する（通常2分程度）．
2. 電極の先端を蒸留水（またはイオン交換水）で洗浄し，清浄なろ紙で付着した水をふきとり，電極上部の電極補助液補充孔のキャップをはずす．

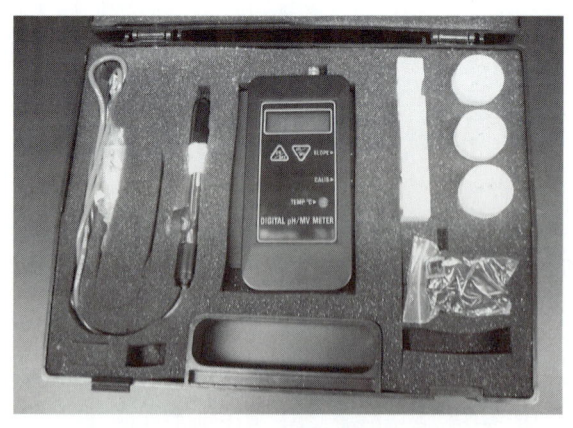

図7-2　pHメーター

3. 標準緩衝液を用いて pH メーターの調節を行う.
   スタンダード調節：pH7 の標準緩衝液を用いて，STD つまみで調節する.
   スロープ調節：pH10 または pH4 の標準緩衝液を用いて，SROP つまみで調節する.
4. 電極を洗浄後，試料溶液に電極を入れ，pH を測定する.
5. 使用後，電源を切り，電極補充液補充孔のキャップをして清浄な蒸留水に電極を浸す.

7.4 遠心分離機

　遠心機(遠心分離機)とは，厳密には2相間，実際に多く用いられるのは固相と液相を，遠心力を利用して分離する装置である．生化学実験や解剖生理学実験で，採取した血液の血球と血清(血漿)を分離するのにこの装置をよく使用する(図7-3)．さまざまな機種があるが，回転軸のまわりを遠沈管が回る構造が基本である．

　強い遠心力がかかるので，左右のバランスをとることが大切である．バランスのとり方が悪いと回転軸に負担がかかり，軸が折れて大事故につながるおそれがある．また，回転中は蓋を閉めて使用するが，回転が止まる前に蓋を開けて遠沈管に触れると思わぬ大けがをすることもあるので要注意である．

図7-3　遠心分離機

7.5 試験管ミキサー

　試験管は溶液を入れるガラス器具であり，同時に内溶液を攪拌する器具でもある．上部を固定して下部を振動させれば，手作業でも十分攪拌できるが，連続して多くの試験管を攪拌するときに用いる機器が**試験管ミキサー**である(図7-4)．スイッチはオフと常時オンのほかに，試験管が攪拌部に触れたときのみオンとなる切り替えがある．短時間に多くの試験管を攪拌する場合は常時オンでもよいが，攪拌する時間の間隔が長い場合は，試験管が攪拌部に触れた時のみオンのセットをしておくと便利である．

図 7-4　試験管ミキサー

7.6 オートクレーブ

オートクレーブとは，加圧下で加熱して化学反応や滅菌を行うための耐圧容器である（図 7-5）．耐圧釜または加圧釜ともいう．通常用いられる耐熱，耐圧，耐薬品性の特殊合金製のものは，室温〜 200 ℃，数 atm の範囲で用いられる．食品衛生学実験等で，滅菌用装置としてよく用いられるが，2 atm，120 ℃ で 15 分間程度の操作で耐熱性胞子をも殺すことができるので，この条件で使用すると微生物培地を滅菌することができる．

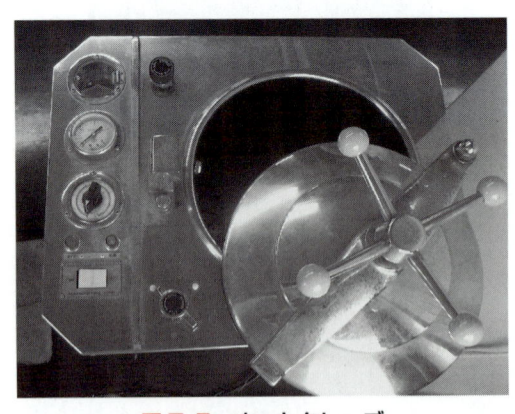

図 7-5 オートクレーブ

7.7 乾燥機

　実験室で乾燥機は，主としてガラス器具の洗浄後の乾燥に使用する．**閉鎖型の乾熱乾燥機**と**開放型の温風乾燥機**に大別される．ここで大切なことは，乾燥するガラス器具により設定温度や機種が異なることである．試験管やビーカーなどの容量測定に用いないガラス器具を乾燥するには，設定温度が高くできる閉鎖型の乾熱乾燥機(図7-6)が適している．

　一方，メスフラスコやメスシリンダー等の容量測定に用いるガラス器具を乾燥するには，開放型の温風乾燥機(図7-7)の設定温度を低くして用いるべきである．なぜならば，温度が高くなると膨張してガラス器具の容量が変化するおそれがあるからである．早く乾燥させようとして，容量測定用ガラス器具の乾燥に設定温度の高い乾熱乾燥機を使用すると，実験精度に悪影響がでるので注意する．

図 7-6　閉鎖型の乾熱乾燥機　　図 7-7　開放型の温風乾燥機

7.8 凍結乾燥機

　凍結乾燥機とは，水溶液を乾燥させ，冷凍室を備えた真空装置で凍結状態のまま水分を直接昇華（固体を直接気体にすること）させる装置である（図7-8）．この装置の主要部分は冷凍装置と真空ポンプである．冷凍乾燥ともいい，真空乾燥の特殊な場合である．熱に対して不安定で，水溶液として放置しておくと変化しやすい物質や，常法では泡立ちなどのため減圧濃縮しにくい物質の乾燥に用いられる．また動植物組織等の乾燥に適している．

　実験では，生物試料の濃縮や保存に用いられる．試料を凍結するので，凍結速度が緩慢だと試料の緩衝液成分のうち溶解度の低いものが析出してしまい，大幅なpH変化が起こる場合もあるので，凍結はなるべく速やかにすることが望ましい．また，凍結層の温度が十分低くないと試料が溶けてしまうことがある．

図 7-8　真空凍結乾燥機
写真提供：株式会社セントラル科学貿易．

7.9 恒温水槽

　化学反応を起こす場合，温度管理が重要である．とくに酵素反応を伴う反応系では，精密な温度管理が求められる．酵素は生体内の化学反応を触媒する（消化や代謝を起こしやすくする）たんぱく質であり，基質（反応する物質）を結合する活性部位（active site）を有している．この基質部位の構造の維持に最も適したpHと温度を，示適pHと示適温度という．pHが変化するとたんぱく質の立体構造を維持しているイオン結合が変化するので，活性部位の構造が変化する．そこで，酵素反応の場合には2章で解説した緩衝液（pHを維持する）を使用する．また，一般に化学反応は温度が高いほど起こりやすい．しかし，たんぱく質は温度が高くなると変性が起こり活性部位の構造が変化してしまい，基質と結合できなくなる．そこで，反応温度を一定に保つ恒温水槽を用いて温度を調節する．

　一般的な恒温水槽は，サーモスタットつきヒーターとモーターを有した機器を水槽に取りつけているタイプである（図7-9）．この水槽にガラス器具に入れた反応液を入れると，設定温度で反応を行うことができる．この装置の場合，室温より低い温度に設定することはできない．室温より低い温度に設定する場合は，冷却装置を水槽に入れる．試験管などを恒温水槽に入れても，溶液はすぐに所定の温度になるわけではない．したがって，事前に恒温水槽に入れて温めておく必要がある．また，冷却装置が内蔵された恒温水槽もある．

図7-9　恒温水槽

7.10 スターラー

　試験管内の溶液を攪拌する装置として，先に試験管ミキサーを紹介したが，ビーカーや三角フラスコは試験管より内径が大きいので，試験管ミキサーでは中の溶液を攪拌できない．ビーカーや三角フラスコ内の溶液を攪拌する装置が，スターラーである(図7-10)．スターラーは細長い磁石(マグネット)をビーカー内に入れて回転させる，非常に単純な装置である．台座にマグネットを入れたビーカーをのせ，台座に内蔵された大きめの磁石つきモーターを回転させると，その回転に合わせてビーカー内のマグネットが回転して溶液を攪拌する．モーターの回転数を変えることにより，ゆるやかな攪拌から激しい攪拌まで行うことができる．

　長時間低温で攪拌するときには，スターラーを低温室に入れ，小さめのマグネットを低速回転させる．溶けにくい試薬を溶解するときには，ヒーターつきのスターラーを使用するとより効率的である．

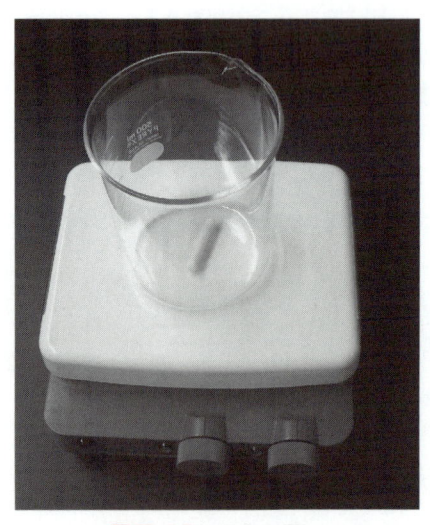

図7-10　スターラー

7.11　ロータリーエバポレーター

　溶液の溶媒を速やかに蒸発させ，溶液を濃縮したり，溶媒を除去する装置が<mark>ロータリーエバポレーター</mark>である（図7-11）．目的とする溶媒を入れたフラスコ（温度効率をよくするために，ナス型フラスコを使用する）をすり合わせソケットで冷却機と結合し，フラスコを回転させながら水浴で加熱しながら減圧する．この操作により溶媒が効率よく蒸発する．蒸発して気体となった溶媒は冷却器内で液体となり，冷却器の根元に装着されたフラスコ（丸型フラスコ）に回収される．

　たとえば，食品中の脂質量を測定する場合，食品中の脂質を有機溶媒（アルコールやエーテル等）で抽出したあと，その溶媒を蒸発させて残った残渣の重量を測定することができる．

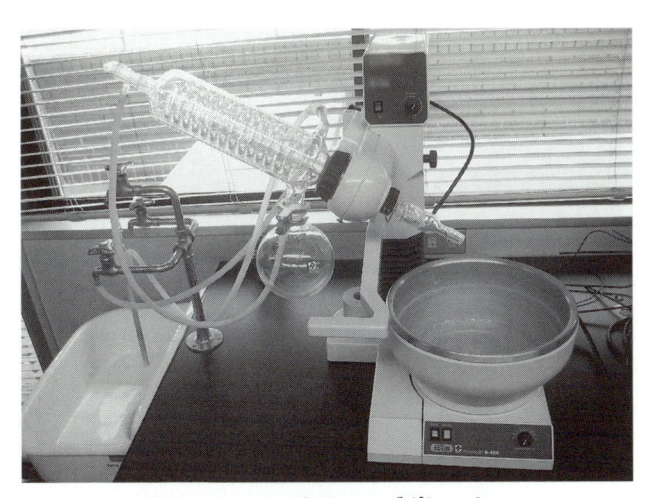

図7-11　ロータリーエバポレーター

COLUMN

酸塩基指示薬

指示薬	酸性色	変色域	アルカリ性色	調製
メチルバイオレット	黄	0.1〜1.5	青	0.25%水溶液
チモールブルー	赤	1.2〜2.8	黄	0.5%温エタノール溶液を水で5倍に希釈
メチルイエロー	赤	3.0〜4.0	黄	0.5%エタノール溶液を水で5倍に希釈
コンゴーレッド	青紫	3.0〜5.2	赤	0.1%水溶液
メチルオレンジ	赤	3.1〜4.4	黄	0.1%水溶液
メチルレッド	赤	4.2〜6.3	黄	0.4%エタノール溶液を水で2倍に希釈
ブロモクレゾールパープル	黄	5.2〜6.8	紫	0.02%エタノール溶液
ブロモチモールブルー	黄	6.0〜7.6	青	0.5%エタノール溶液を水で5倍に希釈
ニュートラルレッド	赤	6.8〜8.0	黄	0.2%エタノール溶液を水で2倍に希釈
フェノールレッド	黄	6.8〜8.4	赤	0.5%エタノール溶液を水で2倍に希釈
クレゾールレッド	黄	7.2〜8.8	赤	0.1%エタノール溶液
チモールブルー	黄	8.0〜9.6	青	0.1%水溶液
フェノールフタレイン	無	8.3〜10.0	赤	0.5%エタノール溶液を水で2倍に希釈
チモールフタレイン	無	9.3〜10.5	青	0.1%エタノール溶液
メチルオレンジ＋インジゴカーミン	紫	4.1（灰）	緑	メチルオレンジ0.1 g, インジゴカーミン0.25 gを水100 cm^{3}に溶解

化学同人編集部 編,「第3版 続 実験を安全に行うために」, 化学同人(2007), p.131.

参考書：もっと詳しく知りたい人のために

- 川村一男 編,「食品衛生学実験」,〈栄養士課程実験シリーズ〉, 建帛社(1977).
- 西郷光彦 編著,「栄養・食品学のための基礎化学実験教程」, 三共出版(1982).
- 佐藤 弦, 杉森 彰,「化学実験の基礎知識」, 丸善(1993).
- 林 淳三 編,「新訂 生化学実験」, 建帛社(1998).
- 藤田修三・山田和彦 編,「食品学実験書 第2版」, 医歯薬出版(2002).
- 徂徠道夫ほか,「学生のための化学実験安全ガイド」, 東京化学同人(2003).
- 日本化学会 編,「1巻 基礎編Ⅰ 実験・情報の基礎」,「30巻 化学物質の安全管理」,〈第5版 実験化学講座〉, 丸善(2003).
- 日本化学会 編,「化学実験セーフティガイド」, 化学同人(2006).
- 化学同人編集部 編,「第7版 実験を安全に行うために」, 化学同人(2006).
- 江角彰彦,「食品学総論実験－実験で学ぶ食品学－」, 同文書院(2007).
- 化学同人編集部 編,「第3版 続実験を安全に行うために 基本操作・基本測定編」, 化学同人(2007).

〈その他〉
JISC 日本工業標準調査会(データベース検索)　www.jisc.go.jp
JISK8001　試薬試験方法通則

索　引

あ

青筋入りビュレット	63
アスピレーター	84
アボガドロ数	7, 18
安全ピペッター	64, 65
イオン交換水	99
異径管	72
異性体	4
一次標準液	87
引火性液体	53
ウォーターバス	91
受用	62
液体試料からの抽出	95
液体の乾燥	93
SI 接頭辞	10
SI 単位	10
エチル基	4
MSDS（化学物質安全データシート）	49, 52, 60
塩	15
──の定義	14
塩基	14
──の価数	15
遠心機（遠心分離機）	110
円筒型分液ろうと	71
オイルバス	91
応急処置	50
王水	100
オートクレーブ	112
主な実験器具	74
温度補正表	80, 81

か

回帰直線	35
開放型の温風乾燥機	113
化学反応	22
化学反応式	22
──の規則	22
化学変化	22
攪拌	95
火災，地震	50, 51
可視光	104
価数	14, 19, 28
ガスの種類とボンベの色	56
家庭用漂白剤の混合	60
加熱	91
加熱機器	91
可燃性ガス	54
可燃性固体	54
可燃性物質	54
価標	3, 4
過マンガン酸カリウム	89
ガラス器具の乾燥	100
ガラス器具の洗浄	100
ガラスセル	107
ガラスフィルター	84
カルボキシル基	4
カルボン酸	15
カロリー	11
環境に対する安全の確保	49
還元	24
緩衝液	29
緩衝作用	29

索 引

乾燥剤	93, 94
官能基	3, 4
慣用単位	11
還流	70
感量	70
機械式ピペット	62, 64
器具の廃棄	59
基質特異性	33
気体の乾燥	94
規定濃度（N）	20
基本単位	9
逆滴定	90
吸引ビン	84
吸引ろ過	84, 85
吸光度	34, 104
吸光度法	33, 34
吸光分析法	104
強塩基	27
強酸	12, 27
強酸性物質	54
共通すり合わせ器具	72
強電解質	12
切り傷	50
緊急時の安全対策	51
禁水性物質	53
菌体数	31
グラム当量	19
グラム分子量	18, 19
計算板	31
劇物	52
原子量	2, 5
元素記号	2
検量線	35, 104
──の作成	36, 107
高圧ガス容器	56
恒温水槽	115
公差	67
酵素	33
構造式	3
酵素活性	33
酵素反応	33
酵素反応速度	33
──の測定	33
酵素反応量の測定	33
後流誤差	80
国際単位	9
国際単位系	10
固体の乾燥	93
コニカルビーカー	68
駒込ピペット	69
ゴム管	73
コロニー法	31, 32
混合により爆発の危険性がある組合せ	55
混合により有毒ガスが発生する組合せ	55

さ

酸	14
──の価数	14
──の定義	14
酸塩基指示薬	118
酸化	24
酸化還元反応	24
三角ろうと	68
酸化数	25
酸化性物質	54
紫外光	104
時間	10
色素の最大吸収波長	34
試験管	68
試験管ミキサー	111
自己反応性物質	53
シス型	4
示性式	3
自然発火性物質	53

自然ろ過	83
実験者の安全の確保	48
実験ノート	38
——記載のポイント	40
——への記録	40
実験廃液の分別収集	58
実験報告書(レポート)	43
質量	10
質量数	2
質量パーセント濃度	17
質量／容量パーセント濃度	17
至適温度	115
至適 pH	115
市販試薬の濃度	102
ジムロート冷却管	70
弱塩基	27
弱酸	12, 27
——の中和	16
弱電解質	12
試薬の調製	86
試薬の等級	55
試薬の保管	59
試薬ラベル	57
^{12}C	6
ジュール	11
純水	99
——の pH	26
純水装置	99
常圧デシケーター	68
消化器	51
蒸留	70
蒸留水	86
触媒作用	33
シリコン管	73
真空デシケーター	68
水酸基	4
水蒸気蒸留	98

スキーブ型分液ろうと	71
スターラー	116
すり合わせ器具	72
生成物	22
生体内の酸化反応	25
石英セル	107
赤外光	104
洗浄ビン	100, 101
染色法	31, 32
組成式	3
組成式量	6

た

出用	62
脱イオン水	86, 99
玉入り冷却管	70
炭酸—重炭酸緩衝系	30
単蒸留(常圧蒸留)	97
抽出	95
抽出溶媒	96
中性子	2
中和	15
——の公式	16
中和滴定	89
超純水	86
著者の責任者	43
滴定	89
滴定指示薬	89
デシケーター	68
データの処理	42
データの信頼性	42
電解質	12
電子	2
電子天秤	70, 82
——の使い方	82
電離	12
電離度	12, 27

透過率	104
凍結乾燥機	114
凍傷	50
当量	19
毒物	52
突沸防止	91, 92
共洗い	65
ドラフトチャンバー（ドラフト）	56
トランス型	4

な

ナシ型フラスコ	68
ナス型フラスコ	68, 117
二次標準液	87
乳鉢	70
乳棒	70

は

廃棄区分	58
廃棄物の処理	57
廃棄物の有効利用	59
排水基準	57
爆発性物質	54
パスツールピペット	69
%（w/w）	17
%（w/v）	17
%（v/v）	17
パーセント濃度	17
発火性物質	53
発色	106
発色試薬の調製	106
パーティクル・カウンター	31, 32
バルブの開閉と交換時期	56
反応物	22
pH	26, 28, 108
pHメーター	108
pOH	28

ビーカー	68
ひだ折りろ紙	83
非電解質	12
ピペット	64
ピペット洗浄機	100, 101
ピペットチップ	64
ビュレット	62, 67
——の気泡の抜き方	66
標準液	87
標準誤差（SE）	42
標準濃度溶液	35
標準偏差（SD）	42
標線	62
——の合わせ方	63
秤量	70, 82
腐食性物質	54
物質量	10
沸石	91
ブフナーろうと	68, 84
フラスコ	68
プラスチック製器具	73
フローチャート	39
分液ろうと	71, 95
分解爆発性物質	54
文献引用のルール	41
分光光度計	34, 104
分子	3
分子式	3
分子量	5
ブンゼンバーナー	69
分別蒸留（分留）	97
平均値 ± SE	42
平均値 + SD	42
平衡状態	29, 33
閉鎖型の乾熱乾燥機	113
ホットドライバス	91
ホットプレート	91

ポリエチレン管	73	有害物質	52
ホールピペット	62, 64	有機酸	15
本文	44	有効数字の概念	42
ボンベ	56	溶液	18
——の保管方法	56	——の体積	80
		——の濃度測定例	105

ま

マイクロシリンジ	66	陽子	2
マグネチックスターラー	95	要約	43
混ぜてはいけない試薬の組合せ	59	容量器具	62
丸型フラスコ	117	——の公差	67
丸型分液ろうと	71	容量測定器具	100
マントルヒーター	91	容量パーセント濃度	17
水のイオン積	26	四つ折りろ紙	83
水の比抵抗	99		

ら

密度をはかる	82	ランバートーベールの法則	104
無機酸	15	リットル	11
目皿つきろうと	68	リービッヒ冷却管	70
メスシリンダー	62	両性電解質	13
メスピペット	66	リン酸緩衝系	30
メスフラスコ	62	冷却	91
メチル基	4	冷却管	70
メニスカス	63	冷却剤	92
目盛の信頼性	67	レポートの表題	43
盲検	35	ろうと	68
モル	7, 18	ろ紙の折り方	83
モル濃度	18	ろ紙の種類と性質	78
		ロータリーエバポレーター	117

や

火傷	50

● 著者紹介

倉沢新一（くらさわしんいち）
1979年　筑波大学大学院農学研究科博士課程修了
関東学院大学人間環境学部健康栄養学科　教授
農学博士

中島　滋（なかじましげる）
1981年　上智大学大学院理工学研究科博士前期課程修了
文教大学健康栄養学部　学部長　教授
理学博士

丸井正樹（まるいまさき）
1985年　筑波大学大学院農学研究科博士課程修了
前　東京聖栄大学教授
農学博士

栄養士・管理栄養士をめざす人の
実験プライマリーガイド

| 第1版 | 第1刷 | 2008年9月30日 |
| 　 | 第15刷 | 2024年9月10日 |

検印廃止

著　者　　倉　沢　新　一
　　　　　中　島　　　滋
　　　　　丸　井　正　樹
発行者　　曽　根　良　介

JCOPY 〈出版者著作権管理機構委託出版物〉
本書の無断複写は著作権法上での例外を除き禁じられています。複写される場合は、そのつど事前に、出版者著作権管理機構（電話 03-5244-5088，FAX 03-5244-5089，e-mail: info@jcopy.or.jp）の許諾を得てください。

本書のコピー、スキャン、デジタル化などの無断複製は著作権法上での例外を除き禁じられています．本書を代行業者などの第三者に依頼してスキャンやデジタル化することは、たとえ個人や家庭内の利用でも著作権法違反です．

発行所　（株）化学同人
〒600-8074　京都市下京区仏光寺通柳馬場西入ル
編集部　Tel 075-352-3711　Fax 075-352-0371
企画販売部　Tel 075-352-3373　Fax 075-351-8301
振替　01010-7-5702
e-mail　webmaster@kagakudojin.co.jp
URL　https://www.kagakudojin.co.jp

乱丁・落丁本は送料小社負担にてお取りかえします．
無断転載・複製を禁ず

印刷・製本　（株）太洋社

Printed in Japan © S.Kurasawa, S.Nakajima, M.Marui　2008　　ISBN978-4-7598-1137-7

元素の

*1: 原子量は4桁の有効数字で示した.
*2: 安定同位体がなく, 天然で特定の同位体組成を示さない元素については, その元素の放射性同位体の質量数の一例を( )内に示す.

凡例: 原子番号 / 元素記号 / 元素の日本語名 / 原子量
例: 6C 炭素 12.01

周期\族	1	2	3	4	5	6	7	8	9
1	1H 水素 1.008								
2	3Li リチウム 6.941	4Be ベリリウム 9.012							
3	11Na ナトリウム 22.99	12Mg マグネシウム 24.31							
4	19K カリウム 39.10	20Ca カルシウム 40.08	21Sc スカンジウム 44.96	22Ti チタン 47.87	23V バナジウム 50.94	24Cr クロム 52.00	25Mn マンガン 54.94	26Fe 鉄 55.85	27Co コバ... 58...
5	37Rb ルビジウム 85.47	38Sr ストロンチウム 87.62	39Y イットリウム 88.91	40Zr ジルコニウム 91.22	41Nb ニオブ 92.91	42Mo モリブデン 95.95	43Tc テクネチウム (99)	44Ru ルテニウム 101.1	45R ロジ... 102...
6	55Cs セシウム 132.9	56Ba バリウム 137.3	57~71 ランタノイド	72Hf ハフニウム 178.5	73Ta タンタル 180.9	74W タングステン 183.8	75Re レニウム 186.2	76Os オスミウム 190.2	77 イリ... 192...
7	87Fr フランシウム (223)	88Ra ラジウム (226)	89~103 アクチノイド	104Rf ラザホージウム (267)	105Db ドブニウム (268)	106Sg シーボーギウム (271)	107Bh ボーリウム (272)	108Hs ハッシウム (277)	109 マイト... (27...)

ランタノイド:
| 57La ランタン 138.9 | 58Ce セリウム 140.1 | 59Pr プラセオジム 140.9 | 60Nd ネオジム 144.2 | 61Pm プロメチウム (145) | 62 サマリ... 150... |

アクチノイド:
| 89Ac アクチニウム (227) | 90Th トリウム 232.0 | 91Pa プロトアクチニウム 231.0 | 92U ウラン 238.0 | 93Np ネプツニウム (237) | 94 プルト... (23...) |